The Dopamine Brain
Your Science-backed Guide to Balancing Pleasure and Purpose

掌控多巴胺

告别上瘾与空虚，从即时快乐到深度满足

[澳]安娜斯塔西娅·赫罗尼斯（Anastasia Hronis） 著 / 陆霓 译

Anastasia Hronis. The Dopamine Brain: Your Science-backed Guide to Balancing Pleasure and Purpose.

Copyright © Anastasia Hronis, 2024.

Simplified Chinese Translation Copyright © 2025 by China Machine Press.

First published by Penguin Books, 2024. This edition published by arrangement with Penguin Random House Australia Pty Ltd via Penguin Random House China. This edition is authorized for sale in the Chinese mainland (excluding Hong Kong SAR, Macao SAR and Taiwan).

No part of this book may be reproduced or transmitted in any form or by any means, electronic or mechanical, including photocopying, recording or any information storage and retrieval system, without permission, in writing, from the publisher.

All rights reserved.

本书中文简体字版由 Penguin Random House Australia Pty Ltd 通过 Penguin Random House China 授权机械工业出版社在中国大陆地区（不包括香港、澳门特别行政区及台湾地区）独家出版发行。未经出版者书面许可，不得以任何方式抄袭、复制或节录本书中的任何部分。

北京市版权局著作权合同登记 图字：01-2024-6189 号。

图书在版编目（CIP）数据

掌控多巴胺：告别上瘾与空虚，从即时快乐到深度满足 / (澳) 安娜斯塔西娅·赫罗尼斯（Anastasia Hronis）著；陆霓译. 北京：机械工业出版社, 2025. 6. -- ISBN 978-7-111-78281-0

I. B84-49

中国国家版本馆CIP数据核字第20255J8P48号

机械工业出版社（北京市百万庄大街22号　邮政编码100037）
策划编辑：邹慧颖　舒　琴　　　　责任编辑：邹慧颖　舒　琴
责任校对：赵玉鑫　李可意　景　飞　责任印制：单爱军
保定市中画美凯印刷有限公司印刷
2025年9月第1版第1次印刷
147mm×210mm·7.375 印张·1 插页·133 千字
标准书号：ISBN 978-7-111-78281-0
定价：59.00 元

电话服务　　　　　　　　　网络服务
客服电话：010-88361066　　机 工 官 网：www.cmpbook.com
　　　　　010-88379833　　机 工 官 博：weibo.com/cmp1952
　　　　　010-68326294　　金 书 网：www.golden-book.com
封底无防伪标均为盗版　　　机工教育服务网：www.cmpedu.com

The
Dopamine
Brain

赞誉

这本书趣味十足，深入浅出地揭示了冲动追求享乐与延迟满足之间的科学奥秘。《掌控多巴胺》引导你在日常无休止的内心拉锯战中，深入理解自我。我对这本书爱不释手！

——玛格达莱娜·西蒙尼斯（Magdalena Simonis），AM（澳大利亚员佐勋章）获得者，墨尔本大学全科医学系副教授

《掌控多巴胺》巧妙地将复杂的神经科学概念与日常生活联系起来，为读者呈现了一场清晰而生动的探索之旅，深入揭示了多巴胺如何影响我们的行为。赫罗尼斯博士不仅为读者提供了丰富的知识，还提出了切实可行的工具和技巧，帮助他们掌控自己的习惯。我强烈向你推荐这本书，它尤其适合那些希望重新审视生活选择和想要更从容地生活的人。

——瑞秋·孟西斯（Rachel Menzies）博士，悉尼大学

在过去的 46 年里，我与形形色色的罪犯打过交道。从偷车贼、瘾君子到连环杀手，这些人的生命中都贯穿着一条共同的主线——多巴胺。他们在使用或贩卖毒品、赌博赢钱或

输钱、欺诈他人或实施暴力，甚至是成功逃避法律制裁时所体验到的多巴胺激增，往往成为驱动并强化他们自我毁灭行为的主要因素。《掌控多巴胺》是一部杰出的作品，它文笔优美，通俗易懂。赫罗尼斯博士以简洁明了的方式，深刻阐述了这种神经递质如何广泛影响我们的认知与行为。

——蒂姆·沃森-蒙罗（Tim Watson-Munro），犯罪心理学家

对于心理学家、教育者、学者、家长以及任何对大脑化学物质如何影响我们行为感兴趣的人来说，这本书绝对是必读之作。赫罗尼斯博士结合丰富的临床经验和广博的知识，提供了来自现实生活的深刻见解，并提出了能够积极影响个人福祉的策略，帮助读者在日常决策中做出更有益的选择。

——玛拉·罗因·斯塔福德（Marla Royne Stafford）教授，
内华达大学市场营销学教授

你是否好奇过，一个美味的甜甜圈究竟会对你的大脑产生怎样的影响？《掌控多巴胺》是一部出色的作品，内容科学权威且妙趣横生，书中还提供了许多提升生活品质的建议。赫罗尼斯博士深入研读了那些我们本该阅读的论文，并为我们提供了一份全面的指南，涵盖了这种名为多巴胺的神经递质的基础知识、相关问题及其临床应用。她的个人视角及众多临床案例为读者带来了多重享受。这本书值得每一个人去阅读。

——弗兰斯·弗斯特拉滕（Frans Verstraten）教授，
悉尼大学心理学系前主任

《掌控多巴胺》是一部极富吸引力的作品。书中不仅为我详细介绍了这种神经递质在大脑中的生成过程及其对思维的影响，还教会了我如何将这些知识应用到日常生活中，更好地践行自己的价值观。

——泰德·哈特威尔（Ted Hartwell），
内华达州问题赌博委员会执行董事

赫罗尼斯博士将科学、临床故事，甚至历史，巧妙地编织成一个引人入胜的故事，讲述了多巴胺如何与我们日常生活中的诸多行为息息相关，包括药物滥用、过度使用社交媒体以及沉迷追剧。这本书将帮助我们在享乐与目标之间找到平衡，运用科学理论来理解大脑的运作机制。

——艾哈迈德·穆斯塔法（Ahmed Moustafa）教授，
邦德大学心理学系主任及犯罪学与咨询学学科主任

赫罗尼斯博士以精湛的笔触，将多巴胺驱动行为背后的复杂科学转化为一本引人入胜的实用指南，帮助读者在短期奖励与长期满足之间找到平衡——对于任何希望优化习惯与提高生产力的人来说，这本书都是必读之作。

——阿曼莎·因伯（Amantha Imber）博士，
《健康习惯》（*The Health Habit*）与
《时间智慧》（*Time Wise*）等畅销书的作者

这本书的诞生，离不开我的父母始终如一的支持，他们在我的每一段旅程中都坚定地站在我身旁，给予我无尽的鼓励。亦感谢我的朋友和同事，你们的鼓励和陪伴让我在前行的路上更加坚定。感谢你们。

如果人类的大脑简单到能被我们理解,那我们也会简单到无法理解它。

——艾默生·M. 皮尤(Emerson M.Pugh),物理学家

The
Dopamine
Brain

作者的话

在你翻开这本书之前，我想对那些慷慨分享自己故事的人致以深深的谢意。他们以如此真挚的方式敞开心扉，让我得以记录他们的故事。从这些故事中，我学到了许多关于生活、失落与坚韧的宝贵经验。能够与这些充满启发性的人共事，倾听他们生活中的点滴，彻底改变了我对真正重要事物的看法。

书中所涉及的患者和故事虽源自真实的生活经历，但为了保护隐私，姓名和某些生活细节已被修改或隐去。在某些情况下，我提供的案例可能是基于我所接触的几位患者的相似经历的融合。

尽管这些故事的某些元素可能有所改动，但其中传达的情感、挑战与洞见，皆深深根植于真实的人生体验。我希望通过尊重且细腻的方式分享这些故事，能够帮助读者更深入地理解人类境况的复杂性，并在其中找到慰藉、启发与共鸣。

愿这些故事成为你反思、共情与情感联结的源泉。

The
Dopamine
Brain

目录

赞　誉
作者的话

引言　欲望与满足的共舞　/1

第一部分：理解多巴胺驱动

哪些因素激活了大脑中的多巴胺通路？潜意识过程如何驱动我们做出无意识的选择？购物、赌博、饮酒、病态上网、使用社交媒体、追剧……这些行为与多巴胺之间有着怎样的联系？

第 1 章　什么是多巴胺？它是如何发挥作用的　/14
第 2 章　破除多巴胺的误区　/22
第 3 章　是什么扰乱了我们的多巴胺　/34
第 4 章　追逐快乐，逃避痛苦　/43
第 5 章　还有哪些神经递质至关重要　/61
第 6 章　快乐与目标的冲突　/71
第 7 章　确定你的目标行为　/80

第二部分：目标与快乐的平衡

能在即时快乐与长期目标之间找到平衡吗？怎样找到自己内心真正的渴望并设立相应的目标？这一切与多巴胺有什么关联？

第 8 章　为什么总是感到不快乐　/86

第 9 章　找到人生的核心驱动力　/95

第 10 章　内心挣扎的根本原因　/106

第 11 章　克服障碍　/114

第 12 章　在人生岔路口做出抉择　/122

第 13 章　提升生活中的满足感　/129

第三部分：建立行为控制

如何远离由多巴胺驱动的不良行为？如何管理戒断时的渴望、冲动以及不适感？如何用符合个人价值观的行动来替代那些不良行为？

第 14 章　重塑大脑神经通路　/144

第 15 章　暂停一下　/151

第 16 章　与不适共处　/162

第 17 章　驾驭情绪波动　/173

第 18 章　当你难以驾驭情绪波动　/182

第 19 章　构建新的自我　/199

第 20 章　摆脱束缚，找到平衡　/206

致　　谢　/211

注　　释　/214

The
Dopamine
Brain

引言

欲望与满足的共舞

我的诊所在悉尼马斯觉机场附近的一栋漂亮办公楼的五层，正好可以透过窗子俯瞰海景。我们很幸运，离海边很近，能欣赏到美丽的景色，但与机场也保持了一定距离，所以飞机的噪声并不算太吵。每天窗外飞机的频繁起降偶尔会让人分心。透过窗户眺望，你不禁会幻想自己正飞往某个迷人的度假胜地。我们有时还会用"进来看看飞机吧"这个噱头，来吸引那些因为第一次见心理医生而紧张不安的小朋友。

2023年5月，我们附近发生了一件值得一提的事情。一家新咖啡馆在我们办公楼的楼下开业了。它比我们以前常去的咖啡馆更近，让我们可以在咨询的间隙轻松地下楼喝杯咖啡。随着时间的推移，咖啡师们已经熟记了我们的咖啡点单偏好，使得每次光顾都变得更加便捷而愉快。更棒的是，这家新咖啡馆营业到下午 5 点，而周围其他咖啡馆通常在下午 3 点就关门了。不仅如此，咖啡馆的老板是一位意大利裔的糕点师，想必你已经明白这有多诱人了。

我从不认为自己是糕点鉴赏家，也从未对甜甜圈有过特别的渴望。当然，我偶尔也会享受一下卡卡圈坊（Krispy Kreme）的甜甜圈，但我从不记得自己曾特意在加油站或超市停下来去买一个。我甚至不记得第一次吃卡卡圈坊的甜甜圈是什么时候，也不记得第一口咬下去时的感觉。然而，我却清楚地记得，第一次在那个意大利糕点师的咖啡馆里，吃到裹满糖霜的甜甜圈的情景。那个甜甜圈刚刚出炉，热乎乎的，散发着令人无法抗拒的香气。它金黄的外皮上裹着厚厚的糖霜，外皮香脆酥松，而内里松软绵密。

就这样，几乎是一夜之间，我就爱上了这家咖啡馆。我的团队和我都成了这里的常客，甚至有时候咖啡馆的员工会因为我们的忠实光顾而赠送免费的脆饼。我们在这里品尝了西西里风味法式吐司，配上混合莓果酱和意大利乳清干酪，还有牛肝菌松露饭团和正宗的意大利千层酥。（顺便提一句，我和这家咖啡馆并没有任何利益关系，也没有任何促销动机，不过希望他们看到这段文字后，能在我们的西西里风味法式吐司上多加点奶油。)

随着时间的推移,我对烘焙食品的渴望越来越强烈。我开始渴望一些新鲜的、有趣的、令人兴奋的美味。通常在下午 3 点左右,这种渴望就会浮现出来。我并不是真的饿,也不缺食物。实际上,我经常带自家做的饭菜到诊所,而且诊所里随时都有速溶咖啡供应。但无论那天是紧张、忙碌、悠闲还是无聊,我总能找到理由为自己买点儿零食。突然之间,这家意大利咖啡馆成了一个生动的例子,展示了我们大脑中某种化学物质的力量:这就是多巴胺在起作用。

多巴胺——通常被称为"奖励化学物质"——是大脑为了强化积极体验而产生的物质。 当我第一次吃到那个裹满糖霜的甜甜圈时,我就体验到了大脑中多巴胺的释放,它告诉我的大脑和身体:"嘿,这真是太棒啦!味道好极啦,吃起来感觉太美啦!"但多巴胺不仅仅告诉我们什么让人感觉好,它还驱动我们的行为,去寻求未来的奖励和愉悦。它告诉大脑:"嘿,这太棒了,让我们再来一次吧!"因此,我的多巴胺不仅在我吃甜甜圈的时候被激活,当我下午 3 点坐在诊所里思考是否该去咖啡馆买个下午茶时,它也在发生作用。甚至当我早晨上班时,经过咖啡馆门口,目光不由自主地停留在他们的展示柜上时,多巴胺也正在发生作用。这些甜甜圈之所以如此诱人,是因为它们的口味总是千变万化。有时，甜甜圈里会填满榛子奶油，而有些时候则是开心果馅。变化和不可预测性对大脑来说充满了刺激，这便会激活"多巴胺能"通路。

这就是多巴胺的作用。它强化了那些让我们感觉良好的体验，并驱使我们去寻找更多这样的体验。然而，这种机制既可能是美妙的，也可能是危险的。"多巴胺驱动"的行为通常是快速的、自动的、无意识的。这就引发了一个问题：**我们对自己的行为究竟有多少自主选择和自由意志？我们真的像自己认为的那样能够掌控自己的行为吗？我们又该如何抵抗多巴胺这种原始力量的强力驱动呢？**

生活总是充满了各种矛盾。有时，它复杂、混乱而不可预测；但有时，它也可以简单、直白且井然有序。生活既包含无尽的变化，同时也蕴含着稳定与可预见的一面。天气每天都在变化，但四季交替却始终如期而至。人际关系会随着时间的流逝而变化，而爱却可以恒久不变。我们的健康无法得到保证，我们的一生中，会面临各种难以预料的疾病，但我们都会变老，死亡也是最后的归宿。生活从未静止，总是随着我们的境遇而不断变化。

我们可以有意识地做出选择，按照自己的意愿塑造自己的生活方式，但同时，我们也受制于许多无法掌控的外部因素。我们可以做自己人生的舵手，朝着理想的方向前进。我们可以选择自己的职业，决定住在哪里，选择与哪些人共度时光。然而，就像最有经验的船长也无力在风暴中对抗愤怒的大海一样，我们永远不可能完全掌控人生的航向。

那么，那些我们自认为能够控制的行为呢？这些行为中有多少实际上是由无意识过程驱动的？我们真正选择了多少，又有多少是由我们未曾察觉的身心机制所驱动的？

大脑极其复杂，这是个众所周知的事实。它的运作几千年来一直是个神秘而有趣的谜题，早在最古老的文明时期，人们就开始研究它。1908年，德国心理学家赫尔曼·艾宾浩斯（Hermann Ebbinghaus）曾写道："心理学有着悠久的过去，但只有短暂的历史。"[1]这句话道出了真理。人类长期以来对大脑的功能和心灵的内在机制充满兴趣。然而，关于大脑正式的科学研究——也就是我们今天称之为"神经科学"的领域——却是一门相对年轻的学科。古代文明虽然对我们的大脑充满了兴趣，但人们既没有足够的知识，也缺乏工具来科学地评估其功能。然而，这并没有阻止他们去探索的热情！

我们所知最古老的医学文献来自古埃及，写于公元前1800年左右。[2]古埃及是最早记录其广泛医学研究的文明之一。这些文献记载了医疗手术的程序，如接骨、简单的非侵入性手术和牙科治疗。要知道，这些记录都是用象形文字写成的。对于一个古老的文明来说，这些成就已经相当先进了。

其中最早特别提到大脑的文献之一是《埃德温·史密斯纸莎草文稿》(*Edwin Smith Papyrus*)，大约写于公元前1600年，它因19世纪购买它的美国古董商埃德温·史密斯而得名。在这份文稿中，古埃及人至少八次提到大脑。对于像我这样的科学迷来说，这简直太有趣了。文稿中描述了两名头部受伤并伴有颅骨开放性骨折的患者的症状、诊断和预后。"开放性"骨折是指骨头穿过皮肤暴露在外，而"闭合性"骨折则是骨头断裂但皮肤仍保持完整。即使在今天，颅骨的开放性骨折依然被视为紧急医疗状况。

这些描述还显示出古埃及人对大脑解剖结构和功能的一些理解。文献中提到"暴露的大脑的脉动"，以及我们现在所称的"失语症"，即突然失去语言能力的情况（文献中描述为"他不再与你交谈"）。其中还提到了癫痫发作的情况（文献中描述为"他剧烈地抽搐颤抖"）。

他们似乎也对症状的"偏侧性"有一些理解。这意味着古埃及人了解大脑由两半组成，即左右两个半球，并且一些身体功能是由其中一个半球控制的。例如，我们现在知道，语言处理和语言生成主要发生在大脑左半球的布罗卡区和韦尼克区。如果左半球受损，语言能力可能会受影响，而右半球受损则不太可能产生同样的结果。

在古希腊，生活于公元前500年左右的医学作家和科学家，克罗顿的阿尔克迈翁（Alcmaeon）的工作进一步推动了我们对神经科学的理解。阿尔克迈翁提出，大脑而非心脏是支配身体的核心，并且是人类智慧的源泉。这一观点在古希腊哲学家和医生之间引发了长期的争论。

快进到20世纪，神经科学逐渐被公认确立为一门独立的学术学科。与古埃及人和古希腊人的时代相比，我们已经取得了巨大的进步。如今，我们拥有先进的神经成像技术，能够揭示大脑及其活动复杂的细节。我们深入理解神经遗传学，明白了特定基因与神经系统疾病之间的关联。我们也掌握了神经可塑性的概念，知道大脑具有自我修复和重塑的能力。对神经网络功能的研究更是为人工智能的发展奠定了基础。神经科学家甚至已经开发出了神经假肢技术，使瘫痪患者能够通过思想控制机械肢体并与计算机进行交流沟通。所有这一切都表明，我们在这条道路上已经取得了非凡的成就！

生物学、大脑化学和遗传学对我们是谁、我们做什么有着重要的影响。每个人的个性特质各不相同，并且受到基因的极大影响。有些人更外向、冲动，乐于接受新体验，而另一些人则更内向、保守，做事更加谨慎。这些性格特质会影响我们生活中的各种选择——从职业选择，到居住地点，再到我们选择的朋友圈子。然而，除了性格差异之外，还有更深层的力量在起作用。

人类的本能深深根植于生存需求。这就是为什么当我们触摸到烫手的炉子时，会立即缩回手；或者当我们面对危险时，肾上腺素会让我们进入"战斗或逃跑"模式。像血清素这样的脑内化学物质会影响我们的情绪，褪黑素调节我们的睡眠与觉醒，**多巴胺则驱使我们去寻找奖励**，如高热量食物和性。

现代生活加剧了一个新的挑战，那就是应对诱惑。诱惑无处不在，而且比以往任何时候都更容易获取。当我提到诱惑时，不仅仅是指性、药物和摇滚乐，还是指那些悄然渗透进我们日常生活中的各种渴望。比如，再看一集 Netflix 剧集的诱惑，拿起手机查看 Instagram 新通知的诱惑，早上再按一次贪睡按钮的诱惑，还有从我诊所楼下的咖啡馆再买一个美味糖霜甜甜圈的诱惑。

你可能听过类似"短期的痛苦换来长期的收益"或"不要为了眼前的欲望而放弃你真正渴望的目标"这样的说法。**我们每个人都在不断地在即时满足和长期满足之间拉锯。**当这两者能够协调一致时，那简直太棒了！那就是成功。然而，现实中这种情况并不总是发生。生活要求我们在即时满足和长期满足之间找到平衡。而在当今这个即时满足无处不在的时代，找到这种平衡变得尤为艰难。

如果我想买点儿什么，只需拿起手机——通常就在手边——快速连接到高速互联网，在线搜索就能找到多种符合需求的产品。我有太多选择，简直眼花缭乱。我可以立即付款，因为我的信用卡信息已经存储在所有设备中，只需举起手机，通过面部识别验证身份即可。接着，几天内，甚至几个小时内，商品就能送到我家门口。

我也不再需要等待最喜欢的电视剧在 Netflix 上更新（更不用说在电视台等免费播出的剧集了）。相反，我只需简单地轻轻一点，就可以一键连看整季剧集。Netflix 和其他流媒体平台会一集接一集地自动播放，我甚至不需要主动选择是否继续观看下去。实际上，如果我真的想彻底放纵一下，Netflix 还有一个"值得狂看"的分类，供我寻找灵感。

如果我饿了，我只需打开众多在线外卖平台中的任意一个，从丰富的菜品中挑选心仪的美食，外卖甚至在一小时内就能送到家门口。如果我想出门，只需几分钟，拼车就能到达我的位置。如果我感到无聊，我只需滑动手机屏幕，解锁后就能玩游戏、发短消息、刷社交媒体、读新闻或者看 YouTube 视频，甚至更简单的是，通过面部识别解锁手机！我可以让 Siri 帮我列出待办事项清单，让 ChatGPT 校对我的文稿（编辑请放心，我真的没有这样做），还可以让 Alexa 调节房间的温度——而这一切，只需动动手指。

当然，你可能对这一切都不陌生，因为这也许就是你日常生活的常态。我们可能没有意识到，生活已经变得如此轻松和自动化，因为这些来自现代技术的诱惑早就无缝融入了我们的生活。别误会，我并不是在否认这些自动化带来的好处。它们的确节省了时间和金钱，提升了安全性，并且让我们更容易获取所需的服务和资源。

然而，尽管早上再"按一次贪睡按钮"能让我多享受十分钟的赖床时光，但这也会让我因迟到而感到焦虑和匆忙。虽然楼下咖啡馆的甜甜圈吃起来无比美味，但如果每次被诱惑都去吃一个，那对我的健康将是个灾难。赖床很舒服，甜甜圈也很好吃，但它们和我的职业目标或健康目标并不一致。那么，这是否意味着我应该永远不再赖床，彻底告别甜甜圈呢？那生活岂不是失去了很多乐趣？

这就是我们在保持生活平衡时所要面临的挑战。

在这个似乎随时随地都在诱惑我们分心的世界里，我们如何在享乐与追求目标之间找到平衡？在忙碌和纷繁的生活中，我们如何在短暂的快乐和持久的意义之间找到健康的平衡？时间和注意力成了最重要"货币"的时代，**身处于一个以持续消费为设计目标的世界里，我们的大脑又该如何应对？**

在本书中，我们将深入探讨一些与神经科学相关的关键概念来回答这些问题。具体来说，我们将研究大脑中一个小小的分子——多巴胺，它在驱动我们行为方面扮演着重要角色。

本书共分为三个部分。在第一部分中，我们将审视神经递质的研究和证据，重点探讨多巴胺和其他大脑化学物质是如何起作用的以及为什么以这种方式起作用。我们会揭开一些常见的误解，解释当失去平衡时可能发生的情况，并讨论多巴胺如何导致上瘾。这为什么重要呢？因为我们掌握的信息越多，做出的决策就越好。通过理解多巴胺如何影响我们的选择，我们将学会如何更好地控制行为，做出能够在短期享乐和长期目标之间找到平衡的决策。

这正是我们在**第二部分中要探索的内容——如何在多巴胺驱动的追求带来的享乐与有意义的活动之间找到平衡**。我们将探讨自己的价值观，以及"多巴胺驱动"如何妨碍我们过上符合这些价值观的生活。我们还会反思什么对自己最重要，以此引导我们前行。

第三部分则完全聚焦于如何将这些理论付诸实践，进行实际的行为改变。我会引导你完成从多巴胺驱动的活动中抽离的步骤，并提供一些策略，帮助你在面对冲动时建立行为控制。目标是帮助你过上兼顾享乐与目标的生活。在整个过程中，我还会请你反思自己的满足感来源，以及如何调整以在享乐和目标间找到平衡，从而使其更加适合你。

那么，让我们开始吧！

第一部分
理解多巴胺驱动

The Dopamine Brain

哪些因素激活了大脑中的多巴胺通路？潜意识过程如何驱动我们做出无意识的选择？购物、赌博、饮酒、病态上网、使用社交媒体、追剧……这些行为与多巴胺之间有着怎样的联系？

在第一部分中，我们将深入探讨多巴胺背后的科学——它是什么，为什么存在，以及它是如何发挥作用的。我们将探讨是哪些因素激活了大脑中的多巴胺通路，以及这些潜意识过程如何驱动我们做出无意识的选择。我还会揭开近年来备受关注的一些误区的真相，例如"多巴胺排毒"和"反多巴胺育儿法"。我将解释当某些物质或行为过于频繁地激活多巴胺通路时，大脑会发生什么样的变化，以及大脑如何调整自身来适应这些变化。

我们还会一同探讨各种行为，如购物、药物滥用、饮酒、病态上网、浏览社交媒体，甚至是追剧等各种活动，让你更好地理解这些行为与多巴胺之间的关系。最后，我会请你选择一种受多巴胺驱动的行为，尝试改变你与它的关系。在第二部分和第三部分中，我们会以这个行为为目标，通过各种不同的策略和练习，帮助你实现持久而有效的改变。

The
Dopamine
Brain

第1章

什么是多巴胺？它是如何发挥作用的

　　如今，鉴于网络，特别是社交媒体上充斥着大量错误信息，所以你认为多巴胺是一种流行的神奇药物，可以帮助你实现所有目标，也无可厚非。但事实完全不是这样！多巴胺自古以来就存在于我们的身体中，但直到1910年，才由英国化学家乔治·巴杰（George Barger）和詹姆斯·尤恩斯（James Ewens）首次"发现"。然而，真正让我们理解多巴胺在大脑中作用的，是1957年瑞典神经药理学家阿尔维德·卡尔森（Arvid Carlsson）的研究。卡尔森通过对兔子的实验发现，当他降低兔子体内的多巴胺水平时，控制运动的神经回路就无法正常工作。后来，这一发现对我们理解帕金森病有着深远影响——这种神经退行性疾病会导致人们因大脑中多巴胺水平降低而出现运动障碍。

自卡尔森的研究以来，对多巴胺的研究和关注不断增加，科学家们开始深入探讨多巴胺在激励我们追求奖励、驱动和维持成瘾行为中的作用。研究还揭示了多巴胺与注意缺陷多动障碍（attention deficit hyperactivity disorder，ADHD）[1]的关系，以及其在抑郁症病例中存在（或缺乏）的情况，[2]甚至研究了多巴胺与肾功能之间的联系。[3]根据关于多巴胺的研究数量来看，它无疑是我们最重要且最令人着迷的神经递质之一。

那么，什么是神经递质呢？简单来说，神经递质就是大脑中的"化学信使"。神经递质在大脑和神经系统之间传递信息，对于维持我们的心理健康和身体健康至关重要。不同的神经递质具有不同的功能。除了多巴胺，你可能还听说过血清素（serotonin），它参与调节情绪、睡眠和食欲；γ-氨基丁酸（GABA），它帮助调节焦虑和压力；以及谷氨酸，它参与学习和记忆过程。我们将在第5章中更详细地讨论部分神经递质的作用。

与所有神经递质一样，多巴胺也由生命的基本构成元素——氧、氢、碳和氮组成。多巴胺不仅存在于人类体内，也存在于所有动物体内。早在数千万年前，原始蜥蜴和爬行动物的神经系统中就已经有多巴胺存在。更为重要的是，多巴胺在动物和人类中发挥着相似的作用：通过在学习和奖励强化中发挥关键作用来影响和改变行为。

多巴胺存在于大脑的许多不同区域，但在前额皮质中特别丰富。[4] 前额皮质是大脑进行高级信息处理的部位，主要负责计划、解决问题、推理、创造力、信息处理和工作记忆。这也解释了为什么多巴胺与注意缺陷多动障碍有着密切的关系（关于这一点，更多内容将在第 2 章中探讨）。

多巴胺的一个关键作用是参与大脑的奖励系统。更具体地说，**多巴胺影响我们何时以及如何体验到愉悦和奖励的感觉**。但它不仅让我们感受到愉悦，它还帮助激励我们去追求那些令人愉快的事物。因此，多巴胺不仅在我们体验到愉悦时释放，也在追求这种愉悦的过程中释放。

想想我之前提到的那些糖霜甜甜圈吧。当我咬上一口时，多巴胺不仅参与了我享受美味的那种快乐的过程，它还会激励我再次（甚至多次）去寻找这种甜点带给我的美味体验。下次我路过那家咖啡馆时，多巴胺就会在我的大脑中活跃起来，提醒我上次品尝甜甜圈的美妙滋味，并激发我进入咖啡馆再买一个的强烈欲望。

研究表明，多巴胺在激励我们追求奖励方面起着至关重要的作用。例如，在我们进食之前，尤其是面对美味食物时，多巴胺神经元会被激活，但在实际进食过程中，无论食物是否美味,这种激活都会降低。[5]我们在老鼠身上也观察到了类似的多巴胺活动,多巴胺参与了雄性老鼠的目标导向行为,例如在接近和试图与雌性老鼠交配时,而不仅仅是在交配行为本身的过程中。[6]

除了愉悦和动机,多巴胺还具有一些其他的重要功能,包括与其他神经递质合作控制运动。多巴胺存在于大脑的前运动区域——基底神经节(basal ganglia)中,参与运动学习和时间控制。具体来说,它帮助我们控制随意运动(即我们主动选择的动作,如伸手去拿一杯咖啡,而不是像眨眼这种不由自主的动作)。低水平的多巴胺与帕金森病等神经退行性疾病有关。[7]多巴胺的缺失和紊乱会导致逐渐失去随意运动的能力,包括语言能力。

多巴胺还参与了我们的学习和记忆过程。它不仅确保记忆的储存,还帮助巩固新记忆的形成。记忆对于指导我们的未来行为至关重要。无论是有意识还是无意识地回忆过去的经历,都会影响我们未来的选择。回到愉悦和奖励的话题,回想一下咖啡馆里的那个美味甜甜圈,记忆在其中起到了关键作用。为了让我再次产生寻求这种美味的冲动,我必须记得上次吃甜甜圈的愉快经历。

从进化的角度来看,多巴胺在这些领域的作用是合理的——**愉悦感、动机、运动和记忆,它们都是我们追求奖励的关键因素**。要想再次吃到那个甜点,我需要记得它的美味，拥有再次寻找它的动力，移动我的身体回到那家咖啡馆，并将再次体验到那甜甜圈带来的美好感受作为奖励，从而在未来再去重复这个过程。

在史前时代，多巴胺对于人类的生存至关重要。它激励人们进行狩猎和采集，强化了寻求庇护和安全的行为，并远离捕食者的威胁。同时，它也激励人们寻找伴侣和繁殖后代。这样一来，多巴胺帮助我们完成了最基本的生存任务。没有它，我们今天可能都不会存在！

理解多巴胺如何以不同方式影响和塑造我们的行为非常重要，这样我们就能看到，它不仅仅是一种"让人感觉良好"的神经递质。它的一个主要角色是激励我们追求奖励，并在我们获得奖励时带来愉悦感。实际上，多巴胺激励我们去追求和获得奖励和目标，即使这些奖励并非我们当前生理生存所需要的。[8]因此，**在考虑如何以健康的方式获取多巴胺让自己感觉良好时，也要记住利用它来激励自己去做一些有意义且能带来成就感的事情。**

多巴胺有时因为它在成瘾中的作用而受到批评。它的影响力如此之强，以至于被称为"快乐分子"或"欲望分子"。确实，多巴胺可能导致人们形成不健康和成瘾的行为。在第 4 章中，我们将探讨愉悦体验是如何轻易演变为成瘾行为的。不过，多巴胺也能发挥积极和有益的作用，我们有许多健康的方式来体验它带来的愉悦感。比如，欣赏照片、回忆美好时光不仅让我们感到快乐，还能激发我们再次追求这些美好体验的欲望。享受自己喜欢的食物也会让我们感觉愉悦，而不一定非得是糖霜点心！健康且美味的小食也能带来愉悦感。神经影像学研究发现，当我们听喜欢的音乐时，**多巴胺也在让我们感到愉悦方面发挥了关键作用。**

但问题在于，找到多巴胺的平衡并不容易。我希望能给你一个简单的公式来帮助你调节多巴胺，比如在上班的路上听音乐，上午茶时吃点儿美味的东西，或者每天打一次电话给朋友，但实际上没那么简单。这是因为我们对多巴胺的体验是相对的，与之前的经历紧密相关。让我们来深入理解一下。

我们的大脑会以"基线"或"调节性"的速率持续释放多巴胺，因为无论是否与愉悦相关，多巴胺对大脑和身体的正常运作至关重要。每个人的多巴胺基线水平各不相同，就像性格特征、气质、食物不耐受和遗传疾病风险有所不同一样，我们的多巴胺基线水平也存在差异。关于"先天与后天"的争论在这里同样适用。我们能改变自己的多巴胺基线水平，还是只能接受与生俱来的状态？和大多数先天与后天的争论一样，答案是"有可能，也不完全是"。虽然我们天生有一定水平的多巴胺，但生活经历也会对它产生影响。

既然我们每个人都有一个多巴胺的基线水平，那么在任何给定时间的愉悦体验都是相对于这个基线水平以及之前的经历而言的。例如，如果我整个早上都在玩手机游戏，使得大量多巴胺释放，然后在上午茶时间吃点儿美味的东西，那么这种食物带给我的满足感可能就不如我没有玩游戏时那么强烈。大脑会努力自我调节来保持平衡，它不会让我们一直处于多巴胺的高峰状态。因此，之前可能让我们感到愉悦的事情，比如吃一个甜甜圈，现在却没有了同样的效果，因为之前的经历已经改变了我们的基线。

适量的糖霜点心和其他享乐行为是没问题的。问题在于，**当我们过于频繁地享受这些快感，且不需要付出太多努力时，就会产生问题。我们对于获得多巴胺体验的基线耐受度会逐渐提高**，突然间，看快乐的照片就不如通过点外卖获得的那种"高峰"来得刺激。外卖出现之前，找到一份美味的点心或许还需要花费更多的时间和精力，因此吃到它的奖励感会更强烈，多巴胺也会激励我们下次再付出这些努力。但现在，这些努力变得微不足道。

希望这一章能让你对多巴胺的功能及其工作原理有一个基本的了解。在接下来的几章中，我们将深入探讨"愉悦与目标追求"之间的平衡，并研究多巴胺水平如何受到干扰，以及我们可以采取哪些措施来应对。**多巴胺非常强大，但请放心，它并不是我们应该害怕的东西，而是可以加以引导和利用的力量。

共同思考

- 当我们开始考虑多巴胺在驱动行为和追求奖励中的作用时，你能否识别出生活中有哪些时刻它可能影响了你的选择或行动？想想我提到的甜甜圈的例子，你是否也有过类似的感受？
- 有哪些自然、健康的方式可以让你获得多巴胺呢？
- 你是否观察到过多巴胺耐受的模式？那些轻易获得的愉悦如何随着时间的推移影响你的多巴胺反应？

The
Dopamine
Brain

第 2 章

破除多巴胺的误区

心理学到底是"科学"还是"艺术",这个问题似乎一直存在争议。事实上,心理学既是科学也是艺术。心理学总是基于科学验证的原则,但我们如何将其应用到具体工作中,则可以被视为一种艺术形式。这是因为每个人都是独特的。我们的生物特性、生活经历、遗传基因、成长环境、信仰体系,以及这些因素之间的相互作用,对于每个人来说都不尽相同。因此,将心理学原理应用到一个人独特的情境中的方式必须是细致入微的。

科学是复杂的,大脑是复杂的,神经递质也是复杂的。解释像多巴胺这样的神经递质如何工作并不容易。不幸的是,这些解释有时被简化到失去了意义,甚至变得错误百出！为什么会这样呢？很多科学概念需要对专业领域的深入理解，而将这些概念简化为普通人易懂的内容并不容易。而且，科学研究往往涉及细微的发现，这些发现并不总是适合简单的叙述，而媒体（尤其是社交媒体）往往更喜欢容易理解的故事。此外，加上夸张的标题、解释科学概念（往往解释得很差劲）的社交媒体影响者，以及我们对确认偏误的偏好（即寻找符合自己已有信念的信息），这些因素共同构成了滋生误区的温床！

我们在新冠疫情期间目睹了这种现象，当时政府、科学家和卫生专家不得不解释新冠病毒是如何传播的、为什么限制措施是必要的、疫苗如何工作、临床研究如何迅速测试其安全性和有效性，以及谁在病毒和疫苗副作用面前风险最大。虽然有很多准确的信息，但也有大量错误的信息（有人还记得那些声称接种疫苗后汤匙会黏在手臂上的视频吗）。

类似的争论也出现在其他复杂的科学问题上，比如有人声称疫苗会导致自闭症，尽管证据显示这并不属实；[1] 还有人否认气候变化的存在，尽管有压倒性的证据支持气候变化的事实。你是否听说过这种说法，金鱼只有三秒钟的记忆？很遗憾地告诉你，这也不是真的。金鱼的记忆绝对不止三秒，海洋生物学家会告诉你，金鱼实际上相当聪明！再比如，你是否在学校学过"舌头地图"——舌头的不同部分对甜、苦、酸等味道有不同的感受？这也是错误的。接收这些味道的受体分布在整个舌头上。科学界早就知道这一点，但味觉分区的说法仍被广泛传播，也许是因为它简单易懂，且易于传播。

本章将着重纠正你可能听说过的、甚至坚信不疑的一些关于多巴胺的误区，从"多巴胺排毒"到多巴胺在成瘾中的作用，我们都会逐一探讨。

误区：个体可以"排毒"多巴胺

事实：错！你永远无法"排毒"多巴胺。"排毒"通常指的是从身体中清除某种化学物质。当一个人停止摄入某种物质时，身体能够自行清除这种特定的毒素或不健康的物质。例如，如果有人进行酒精排毒，他们会停止饮酒，让身体清除与酒精有关的毒素。排毒过程通常不太愉快，严重时甚至可能危及生命。戒断症状很常见，且可能因个体的饮酒量、饮酒频率及是否有共病而有所不同。

就多巴胺而言，排毒是不可能的。多巴胺是自然产生的，它在人类生理的各个方面都起着重要作用。正如我们所见，多巴胺不仅参与大脑的愉悦和奖励机制，还与运动控制、动机、唤醒、记忆、睡眠和执行功能有关。如果我们完全"清掉"了多巴胺，我们将无法正常运作，更别提存活了！事实上，我们的身体在生物学上不会让我们"排毒"多巴胺，因为它是自然自动产生的。

"多巴胺排毒"这个概念流行起来时，遗憾的是，它的含义被误解了。多巴胺排毒原本是指排除（或避免）那些激活大脑中多巴胺通路的行为和物质——比如在一段时间内不使用社交媒体、不接触科技产品或不喝酒。"多巴胺排毒"被误解并通过社交媒体传播，随后在加利福尼亚的硅谷被当作一种生活方式和生产力趋势进行推广，这进一步增加了它的吸引力。在本书的后续章节中，我们会讨论如何以健康的方式远离那些过度激活多巴胺奖励通路的物质或行为。同时，我们也会探讨如何通过基于证据的方法建立行为控制。

误区：你会对多巴胺上瘾

事实：错！你无法对多巴胺上瘾，因为它本身并不具有成瘾性。多巴胺本身是一种化学信使，帮助我们集中注意力并重复某些行动或经历。真正的问题在于，人们会对产生多巴胺的活动或物质上瘾。例如，当我们持续参与像饮酒这样能够产生多巴胺的活动时，大脑会形成条件反射，去寻找更多类似的体验，以获取更多的多巴胺。然而，大脑也会逐渐适应这种多巴胺回路的激活，这意味着我们需要越来越强烈的刺激，才能感受到同样的兴奋感。这样，我们实际上是对产生多巴胺的行为上瘾，而不是对多巴胺本身上瘾。

误区：多巴胺越多，你就越快乐

事实：不完全是。多巴胺与幸福之间的关系比简单的"越多越好"要复杂得多。 多巴胺参与了对愉悦的体验和追求过程。然而，如果我们不断追求那些引发多巴胺激增的活动或物质，结果就是形成耐受性。这意味着相同的刺激——无论是饮酒，还是频繁发布社交媒体内容——不再能带来相同程度的愉悦。

我们的大脑天生倾向于保持"内稳态"，也就是一种内部的平衡状态。因此，它不会允许我们持续处于多巴胺"高峰"状态。耐受性会逐渐建立起来，我们的大脑会通过改变多巴胺的产生方式来调节我们的体验。这就是为什么在追求更多刺激时，我们有可能陷入强迫性的行为，从而滑向成瘾的深渊。

> **误区：多巴胺是幸福感的唯一来源**
>
> **事实：这显然是错误的。幸福是一种复杂的情绪状态，远不止由多巴胺决定。**调节情绪的过程涉及多种神经递质，比如血清素、内啡肽和催产素。此外，我们的生活环境、个人经历以及天生的情感敏感性都会影响我们对幸福的感知。

> **误区：提高多巴胺水平可以增强专注力和生产力**
>
> **事实：这个说法需要慎重对待。**正如我们所说，科学很复杂，人类也很复杂，很多细节不可忽视。多巴胺过多或过少，都会对专注力和生产力产生负面影响。虽然在某些任务中提高多巴胺水平可能有助于增强专注力和生产力，但也可能适得其反，导致注意力分散、冲动增加和认知调控能力下降。个体的反应还取决于遗传和整体健康状况。因此，**保持平衡才是关键**，无法一概而论。
>
> 多巴胺在注意缺陷多动障碍中起着重要作用。事实上，当我告诉别人我正在写一本关于多巴胺的书时，最常见的两个反应是"你听说过多巴胺戒断吗"以及"我有注意缺陷多动障碍，可以做你的案例研究对象"。

注意缺陷多动障碍是一种神经发育障碍，表现为持续的注意力不集中、过度活跃和冲动，这些症状会影响患者的日常生活。注意缺陷多动障碍通常在儿童时期被诊断出来，但近年来，成年人被诊断的比例也在上升。[2] 对此的解释有很多种，一些专家担心存在过度诊断和相应的兴奋剂药物滥用的风险。然而，随着人们对注意缺陷多动障碍的认识和医疗服务的进步，许多可能在童年时期就存在学习困难、情绪调节问题和社交障碍的成年人，也终于得到了确诊。

自 1999 年以来，研究人员就开始探索多巴胺在注意缺陷多动障碍中的作用。当时的研究发现，患有注意缺陷多动障碍的成年人的多巴胺转运体密度比没有注意缺陷多动障碍的人高出 70%。[3] 较高的多巴胺转运体密度意味着多巴胺水平较低，这可能是注意缺陷多动障碍的一个风险因素。从那时起，很多研究持续显示多巴胺转运体密度与注意缺陷多动障碍之间的关联。虽然多巴胺转运体密度异常不一定意味着患有注意缺陷多动障碍，但它可能是一个有用的筛查指标。

治疗注意缺陷多动障碍的主要药物是兴奋剂，如右旋安非他明、哌醋甲酯（利他林或专注达）和赖氨酸右旋安非他明（维凡斯）。这些药物通过阻断阻止多巴胺和去甲肾上腺素再吸收和快速清除的转运体，增加这些神经递质在大脑中的含量,尤其是在负责执行功能(如注意力和冲动控制)的前额皮质。虽然兴奋剂不能解决所有注意缺陷多动障碍症状,但它们对大约 70%~80% 的成年人有效。[4]

兴奋剂可能产生多种副作用,因此其使用受到严格控制。这些药物可能带来欣快感并使体重减轻,因此存在被滥用的风险。有一个普遍的误解是,兴奋剂可以提高没有注意缺陷多动障碍人群的专注力和生产力。曾有一组 40 人被安排在四次实验中完成在线算术任务。[5] 每次实验前,他们要么服用安慰剂,要么服用兴奋剂。结果表明,兴奋剂并没有提高答题的正确率,反而增加了解题所需的步骤和时间,导致生产力下降。

这种误解之所以存在,可能是因为服用兴奋剂的人确实会感到不一样。毕竟,他们服用的是一种加速身体与大脑之间信息传递的药物。人们可能感觉自己更清醒,但这并不意味着他们的生产力真的提高了。

误区:24 小时的"戒断"可以重置我们的多巴胺水平

事实:这不是真的!不要轻信社交媒体上的说法!

这又是网红们为了吸引关注而过度简化的观点。所谓的"24小时多巴胺禁食"是一种在硅谷流行的生活方式，人们尝试在一天内切断几乎所有的外界刺激，希望通过这种方式停止与多巴胺激增相关的行为，从而"重置"他们的多巴胺水平。确实，过度和长期的多巴胺刺激会导致多巴胺受体的脱敏，降低愉悦感（也就是我们说的耐受性）。但要解决这个问题，远不是简单地戒断24小时就能做到的。实际上，多巴胺的调节是一个复杂的过程，受到多种因素的影响，不可能在短短24小时内突然"重置"。而且，几乎不可能完全"戒断"所有产生多巴胺的事物。**多巴胺可以源于很多小而美好的事情**，比如吃到美味的食物、听到喜欢的音乐或者和朋友一起度过愉快的时光。

这并不是说24小时内远离多巴胺刺激的行为完全没有意义，但我们需要清楚地了解这其中的实际效果。24小时的"排毒"更多是让自己体验远离社交媒体或甜食等行为的不适感，并尝试建立对这些行为的控制力。实际上，这种"排毒"很难达到所谓的重置效果，24小时的时间只够我们暂时转移对某些欲望或冲动的注意力，而不足以带来持久而深远的改变。真正的改变需要时间，这是一个更艰难且漫长的过程。对于成瘾的情况，想要重置大脑的内稳态水平和多巴胺水平，绝不是24小时就能完成的。

期待快速而剧烈的变化是不现实的。正如我们将在第 7 章中讨论的，更好的方法是**从小的改变开始，这样更容易融入我们的日常生活**，而不是那些可能无法持续的剧烈改变。

误区："反多巴胺育儿"是一种有效的育儿方式

事实：每次我在媒体上听到"反多巴胺育儿"这种说法，都会感到担忧，害怕这是科学被误解的又一个例子。就像有人相信可以通过戒断来"排毒"大脑中的多巴胺（这根本不可能）一样，我担心家长们会误以为让孩子远离科技和刺激就能有效减少他们的多巴胺激活。

"反多巴胺"育儿的核心是减少过度的多巴胺激活。简单来说，就是**减少那些能给孩子带来即时满足感的活动**，比如看他们喜欢的电视节目、玩电子游戏、用平板电脑或者手机刷社交媒体。这种方法本质上没有问题，我完全理解家长们希望控制孩子屏幕使用时间的想法，毕竟孩子的大脑还在发育中。事实上，2024 年美国佛罗里达州就开始对儿童使用社交媒体进行严格限制。从 2025 年起，14 岁以下的孩子禁止使用社交媒体，14 到 15 岁的孩子必须获得父母同意才能注册账号。

过多的屏幕使用时间确实与很多问题有关，比如肥胖、睡眠不规律、缺乏水果和蔬菜摄入、饮食失调以及久坐不动的生活方式等。[6] 全球范围内，45%~80% 的孩子都没能达到每天少于两小时屏幕使用时间的国际推荐标准。[7,8] 因此，"反多巴胺"育儿的出发点是好的。

但我担心的是，"反多巴胺"这个说法让人觉得多巴胺是一个需要避开的"反派"。一些关于反多巴胺育儿的文章会说，"你不是在和孩子斗争，而是在和他们的多巴胺作战"，把多巴胺描绘成一种在大脑中肆虐的邪恶化学物质。这样很容易导致科学被过度简化。确实，多巴胺在孩子想再看一集《布鲁伊》(*Bluey*) 或再玩一会儿《我的世界》(*Minecraft*) 中起到了作用，但不要忘了，孩子的大脑还没有发育成熟，他们更容易冲动，行为和情绪的自我调节能力还在发展。[9] 因此，"反多巴胺育儿"这个说法是有误导性的。或许更合适的说法是"适度电子游戏育儿"或"减少科技使用育儿"，但这些名字听起来不那么吸引人。实际上，这不过是给"设定界限"这个老概念贴上了一个新标签而已。多巴胺依然会在孩子享受美食、和朋友在公园玩耍或者上音乐课时发挥作用。

我们为什么要"反多巴胺",剥夺孩子生活中的所有快乐呢?或者更糟的是,教孩子生活不该充满乐趣?如果我们希望他们长大后成为有能力的成年人,就必须教会他们生活中既有快乐也有挑战。**我们不需要完全拒绝所有的快乐,而是要教会孩子如何调节自己的欲望和冲动,学会管理那些可能诱使他们过度消费的行为、食物和科技。**

共同思考

- 你曾经相信过哪些关于多巴胺的误区?
- 你是否遇到过通过媒体或社交媒体传播的错误信息?
- 你对多巴胺的理解发生了哪些变化?

The
Dopamine
Brain

第 3 章

是什么扰乱了我们的多巴胺

我们已经了解了多巴胺是什么,以及它如何在体内发挥作用,现在让我们深入探讨一下,当多巴胺失衡时会发生什么。**多巴胺对于激励我们去从事特定的活动、进行某些行为或达成某些目标非常有用且重要,但它也可能引导我们走向不利的方向。**

随着时间的推移,我们的身体对外界刺激会逐渐产生耐受性。这意味着,身体不再频繁体验到高涨的兴奋感和多巴胺的激增,而是倾向于保持一种相对的稳定状态,这就是所谓的"内稳态"(homeostasis)。内稳态指的是大脑通过维持一个稳定平衡的内部环境,确保身体各项功能的正常运行。如果我们反复沉浸在那些能在大脑奖励通路中释放大量多巴胺的物质或行为中,我们会逐渐降低多巴胺的基线水平。为了应对过多的多巴胺和外界刺激,大脑会自然而然地减少多巴胺的产生和释放。

从进化的角度看,我们的大脑并不适应同时面对太多刺激,比如诱人的美食、手机游戏、社交媒体通知以及无穷无尽的电视剧。在某种意义上,**现代生活对于我们的脑袋来说就像"迪士尼乐园"般的体验**。但想象一下,你第一次去迪士尼乐园时,那种难以言表的兴奋和激动。鲜艳的色彩、闪烁的灯光、从游乐设施中传出的经典迪士尼音乐,无限的可能性让你心潮澎湃。而如果你每天都在迪士尼乐园工作,久而久之,那些视觉和听觉刺激就会变得平淡无奇。熟悉感会让那些原本令人惊艳的灯光和音乐失去魅力,甚至你可能会厌烦每天听到无数次的《随它吧》(*Let It Go*)或《海底》(*Under the Sea*)。如果每次走过那扇大大的、充满诱惑的前门都能体验到那种高亢的兴奋感,那将未免过于刺激,使得人体难以承受,而你也会因为各种干扰而难以专注于工作。同样地,正如你会对迪士尼乐园的刺激逐渐习惯,你的身体和大脑也会调整对刺激的反应。由于大脑追求内稳态,我们的多巴胺基线水平会产生相应的变化。此时,你可能需要比迪士尼乐园更刺激、更让人兴奋的东西,才能再次体验到多巴胺带来的快感!

当我们身处刺激过多的环境时，多巴胺的释放会变得频繁。为了维护内稳态，大脑会适应这种变化，通过降低其自然产生的多巴胺量来调整自身。这样一来，那些曾经能带给我们快乐和兴奋的体验，现在只足够维持基本的满足感。我们依赖它们来保持情绪的平稳，它们已不再是快乐的源泉，而是我们感觉正常的必需品。

这正是耐受性形成的核心机制。随着我们不断暴露在高强度的刺激之下，大脑渐渐学会重新校准其基线水平。**日常生活中的过度刺激会改变我们的多巴胺水平，让我们对那些微小但本质上更有益健康的多巴胺奖励变得不再敏感。**如果我们习惯了全天候强烈的多巴胺释放，那么一些简单的日常乐趣，如在公园里悠闲地散步，或者回顾那些承载着幸福记忆的照片，就将不再能触动我们的心弦。

这就引入了关于成瘾的讨论。我要强调的是，本书并非旨在作为自助式的成瘾康复指南。成瘾是一种严重的心理健康问题，通常需要一组医疗和心理健康专业人士提供的密集且专业的治疗。除非在医生指导下，否则不建议自行戒除如酒精这样的成瘾物质，因为排毒和戒断症状可能是危险甚至致命的。实际上，**本书是为那些发现自己正在滑向成瘾的人编写的**，他们或许会在睡前无意识地多花半小时刷 TikTok，或是一天到晚频繁检查手机通知，又或者对自己说"我就再看一集"，最终却不知不觉变成了一场追剧马拉松。然而，重要的是要理解，最初多巴胺的吸引力是如何不知不觉地发展成一种成瘾，或者至少成为一个问题的。

诺丁汉特伦特大学（Nottingham Trent University）的著名研究者马克·格里菲思（Mark Griffiths）教授开发了一种名为"成瘾成分模型"的理论。[1] 根据这个模型，任何类型的成瘾都具有 6 个核心要素：

（1）**显著性**。这是指某项活动变得极为重要，甚至成为个人生活的核心部分。一旦发生，这项活动就会主导个人的思想、情感和行为。如果他们暂时没有参与这项活动，也会频繁地想着下一次何时能够继续。

（2）**情绪调节**。这涉及人们主观报告的体验，关于某项活动如何改变他们的情绪。这种体验可能每次都不同，有时可能感觉到一阵"激动"或"亢奋"，有时则可能感到麻木，或是感觉到一种从现实生活中逃离的解脱。无论是物质成瘾还是行为成瘾，情绪调节的体验都很常见。这一组成部分实际上是一种"应对"机制，人们通过这些活动来处理情绪，寻求情感的替代。

（3）**耐受性**。随着时间的推移和活动的重复，人们会形成耐受性。原先能够引发多巴胺高峰体验的刺激，现在不再有效，或者效果减弱。因此，人们需要更多的刺激来达到曾经的感觉,这可能包括更多地摄入酒精,或在社交媒体上追求更多的点赞。

(4)戒断反应。当大脑重新调整基线水平后,我们需要某种刺激来维持体内的平衡。这意味着,最初某种物质或行为能够引发多巴胺释放,但后来如果缺少这种物质或行为,体内的平衡就会被打破,进而产生戒断反应。戒断反应通常伴随着令人不适的情绪或身体反应。在这种情况下,人们往往会感到强烈的渴望和冲动。突然之间,我们需要这种物质或行为才能感觉正常、稳定,甚至只是为了感觉稍微好一点儿。当你经历渴求时,你会很清楚,因为这种感觉是非常强烈且难以忽视的。这时,我们的基线水平会降到新的正常值以下,带来心理或生理上的不适症状。

(5)冲突。这可以是个人与周围人发生的现实冲突,也可以是个人内心的矛盾冲突。选择短暂的多巴胺驱动的快乐和缓解,可能导致长期的问题。人们可能意识到需要减少某种活动,但感到无法做到,从而体验到失控感。

(6)复发。那些希望终止或改变与特定活动的关系的人,往往会经历复发。这通常是指个人回到他曾经试图戒除的活动模式。复发可以迅速发生,个人可能很快就恢复到之前的行为水平。

根据成瘾的类型和严重程度,渴望和戒断症状可能从轻微不适到极度痛苦，甚至彻底占据一个人的心智。

对于那些被诊断为成瘾的人来说，生物因素、基因、环境以及物质或行为本身的特性都会起到作用。历史上，成瘾问题常被简单地看作"有"或"没有"两种状态来进行诊断和治疗：要么你有，要么你没有。在某种程度上，这样的观点有它的道理。为了让健康专业人士做出成瘾的诊断，一个人需要表现出一些关键特征和症状，并且达到一定的严重程度。正如之前提到的，随着时间推移，耐受性逐渐增加，行为变得失控，尝试减少或停止时会出现戒断反应，而且往往还会有复发的情况。不过，这种黑白分明的判断仅是为了诊断和治疗，实际上，成瘾是一种存在于连续体上的状态。

即使没有成瘾，我们也可能会因为某些行为而受到伤害。比如一个人可能外出喝得酩酊大醉，第二天宿醉未消，虽然他们并未酒精成瘾，但因此工作迟到，表现不佳。同样，花太多时间在社交媒体上可能不代表成瘾，但这会让我们在与朋友见面时心不在焉，降低互动的质量。我可能不会对糖或是诊所楼下咖啡馆里的那些美味的甜甜圈上瘾，但吃得太多无疑会对健康不利。

我们大多数人都会在生活中和某些事物存在一些问题关系，无论是咖啡、社交媒体、电子游戏还是手机。对我而言，问题在于我的电子邮件。我会过于频繁地查看邮件，无论是在火车上还是在排队买咖啡时。偷偷告诉你，我甚至连半夜醒来时也要检查一下邮箱。研究表明，有问题且不健康的社交媒体使用行为呈现上升趋势，年轻人（特别是年轻女性）最容易受到影响。[2] 自 2005 年以来，澳大利亚问题性手机使用情况不断增加，其中 18~25 岁的年轻人，尤其年轻女性遇到的问题最为严重。[3] 随着问题性电子游戏使用的增加，世界卫生组织在 2018 年将其列入了"疾病"名单㊀。在所有有问题的网络行为中，问题性在线购物最为常见，年龄较小的人群更容易出现网络行为问题。[4] 可以说，技术滥用的现象相当普遍，而且不幸的是，短期内没有任何减缓的迹象。

当我们试图不去查看手机、不刷社交媒体、不喝咖啡或酒、不吃甜食，或者戒掉任何我们习惯用来获取多巴胺的小刺激时，我们往往会**感到不适和渴望，甚至出现戒断反应。这是因为我们的大脑进入了多巴胺缺乏状态。**尽管以前，享用一小块甜点或是玩一会儿手机上的小游戏或许

㊀ 游戏障碍（gaming disorder）在《国际疾病分类第 11 版》（ICD-11）中被定义为一种特定的游戏行为模式，涉及"数字游戏"或"视频游戏"。这种行为的特征是：对游戏失去控制力；游戏逐渐占据了生活的优先位置，甚至超过了其他兴趣和日常活动；尽管出现了负面后果，仍然持续或增加游戏时间。要诊断为游戏障碍，这种行为模式必须严重到足以对个人、家庭、社交、教育、职业或其他重要生活领域造成显著损害，并且通常需要至少持续 12 个月才能确诊。——译者注

就能让我们多巴胺水平获得提升，但重复这些活动，会导致我们的大脑适应并重置它的基线水平。于是，当缺少这些活动或物质时，我们可能会感到烦躁、焦虑、不安，甚至有些沮丧。在当今这个各种刺激源源不断的时代，我们许多人都将面临这样的困扰。虽然我们未必都有那种明确可诊断为"成瘾"的问题，但我们都在努力驾驭多巴胺的作用，逐步建立起耐受性，以及尝试做出改变，使我们在生活中仍能获得一些乐趣与喜悦，并且参与对我们有意义的活动。

戒断反应和渴望常常把我们从重要或有意义的事情中拉开。 我自己也经历过很多次这种情况。比如，有一篇需要赶在截止日期前完成的研究论文，对我的工作和职业生涯非常重要。但即便如此，在写作过程中，我还是忍不住想刷一刷 LinkedIn、Instagram、Facebook，甚至连手机上的银行账户也要点上几次。这种不断刷手机的冲动总是打断我本该专注的工作。事实上，写这段话时，我就有查看手机和社交媒体的冲动！但我决定有意识地抵制这种诱惑——反正这些内容一个小时后也还是会在那里。

你可能也会发现，自己在家庭烧烤聚会或者在孩子的足球比赛中，还是无法抗拒刷手机的欲望。你可能很喜欢和朋友一起看比赛，但总忍不住想查查赔率。就这样，那些曾经带给我们欢乐的事物，如今却变成了我们追求内心的正常与平静不可或缺的部分。

希望现在你对多巴胺的运作有了一些了解,也明白了在这个过度刺激的世界里,我们是如何轻易陷入困境的。在下一章中,我们会更深入地探讨具体行为,比如网络购物、药物使用、社交媒体和电子游戏,看看它们如何影响我们的多巴胺水平。

共同思考

- 你生活中是否存在一些活动或物质,让你感觉到自己和它们的关系并不健康?有没有什么事情是你做得过于频繁、变得机械,甚至难以控制?
- 你是否曾尝试减少或停止这些行为,却感受到强烈的渴望,想要再次回到它们的怀抱?
- 当你有这种强烈的冲动时,身体的感觉是怎样的?你能否成功地度过这种冲动而不被它左右,还是最终被多巴胺所牵引?

The
Dopamine
Brain

第 4 章

追逐快乐，逃避痛苦

在本章中，我们将深入探讨多巴胺如何与各种行为、活动和物质相关联。我们已经了解了它如何带来愉悦的感觉，但当我们不断追逐这种感觉时会发生什么呢？**多巴胺在促成我们对药物、酒精等物质以及游戏等行为的依赖中起着至关重要的作用。**

成瘾不挑人。无论我们来自哪里，从事什么职业，收入多少，国籍或年龄如何，都有可能陷入其中。而且，无论我们是谁，总有一些风险和经历看似与日常生活无关，离我们非常遥远，以至于我们几乎无法想象它们会影响到自己。这就是心理学家所说的"乐观偏差"，或者更直白一点儿，是"这事不会发生在我身上"的心态。乐观偏差指的是我们倾向于高估好事情发生的可能性，同时低估坏事情发生的可能性。这让我们总是期待事情顺利进行，尽管我们理性地知道问题、挑战和挫折是无法避免的。这也是人们容易沉迷于冒险行为的原因之一，比如开车时超速或者去海滩时不涂防晒霜。

让我们进一步了解大脑中的奖励通路是如何被某些物质和行为激活的。

酒精

我就是那种在聚会上劝你少喝酒，甚至让你不想和我做朋友的人。或许是因为我在成瘾领域的工作让我更加警惕。我常常引用世界卫生组织的指南，询问别人喝了多少酒，并不断提醒他们多喝水。我也经常在网上分享有关酒精的误解和危害的信息。不过，这并不意味着我不喜欢喝酒。我其实很享受一杯带烟熏味的威士忌或杏仁酸酒。但是，知识就是力量，掌握正确的知识可以帮助我们做出更好的决定。

酒精成瘾非常普遍。不幸的是，关于酒精的宣传让很多人误以为它比实际更安全。以前有人说每天喝一杯红酒对健康有益，甚至有人认为酒精可以预防某些健康问题。但事实并非如此。与饮酒相关的风险和危害经过多年的系统评估，已有详尽的记录。2023 年，世界卫生组织明确表示，没有任何安全的饮酒量。[1]

在澳大利亚，最新的政府指导方针指出，为了降低酒精相关疾病或伤害的风险，健康的成年人每周饮酒量不应超过十个标准杯，且每天不应超过四个标准杯。[2] 需要注意的是，一罐高酒精度的啤酒大约相当于 1.4 个标准杯，而餐馆里常见的一杯葡萄酒约为 1.6 个标准杯。一个标准杯并不等同于一杯酒。2022 年，超过 1/4 的成年人饮酒量超出了指导方针建议的量，超过 1/3 的 18~24 岁的年轻人饮酒过量，且男性更有可能饮用较多的酒精。

酒精是一种有毒且容易引发依赖的物质。几十年前，国际癌症研究机构（IARC）将其列为一类致癌物，意味着它属于风险最高的致癌物类别，与石棉、辐射和烟草同类。研究表明，酒精会导致至少七种癌症，包括乳腺癌和肠癌。乙醇是酒精中影响我们健康并使我们感到醉意的主要成分，是导致这些问题的元凶。任何含有乙醇的饮品，无论价格或品质如何，都会增加患癌风险。不论是廉价的袋装酒还是昂贵的法国香槟，都会对我们的健康造成威胁。

酒精还会导致高血压、心脏病、中风和肝病。[3] 除此之外，我们还可能因此产生依赖。乙醇是一种"亲神经"物质，这意味着它可以穿过血脑屏障，抑制中枢神经系统的功能。它对大脑的影响主要体现在两个方面。首先，它增强了一种名为"γ-氨基丁酸"（GABA）的神经递质的作用。通过GABA，酒精减缓了大脑的功能和神经活动，抑制中枢神经系统。[4]这就是为什么在大量饮酒后，我们的言语会变得含糊不清，动作变得不稳，反应迟钝，理性思考的能力受到影响。

其次，酒精还会影响多巴胺。**即使是少量饮酒，也会增加多巴胺的释放**（尤其是在伏隔核这个与愉悦、奖励和成瘾密切相关的大脑区域）。[5]多巴胺奖励系统的激活增强了我们从酒精中获得的愉悦和满足感，但这也可能促使人们强迫性地饮酒，追求那种愉悦的感觉。**中枢神经系统的抑制与多巴胺的释放，极易将我们引向伤害和依赖的道路。**

药物

这是一个相当复杂的话题，因此我在这里只对几类药物以及它们与多巴胺的关系做一个简单介绍。如果你想了解更多，可以访问澳大利亚酒精与药物基金会网站。

兴奋剂对大脑的多巴胺系统有着极强的刺激作用。没有任何自然行为或活动能够在神经回路中引发如此强烈的欲望反应，甚至食物和性都无法与之相比！这些药物通过人为地刺激多巴胺的释放，打乱我们天然的神经循环，这正是它们危险且极易上瘾的原因。

并不是所有药物都会引发同样程度的多巴胺释放，但总体来说，引发越多多巴胺释放的药物越容易让人成瘾。它们的工作机制是抑制大脑中多巴胺的再摄取。简单来说，就是药物阻止多巴胺被重新吸收，使其在大脑的"突触间隙"中停留更长时间。例如，兴奋剂阻止多巴胺在突触间的再摄取，导致多巴胺积聚，产生放大且极其强烈的快感。但随着时间的推移，这样的使用会导致耐受性增加，甚至成瘾。

对于阿片类药物（如一些处方止痛药），多巴胺的作用机制有所不同。阿片类药物会与大脑中的阿片受体结合，阻止神经递质通过神经元传递电信号和信息。这在缓解疼痛方面非常有效。想象一下，如果你有慢性背痛，你的背部肌肉会不断向大脑发送疼痛信号。阿片类药物阻止这些信号被接收，从而减轻疼痛。同时，多巴胺的释放也带来了欣快感，这种快感与止痛的效果结合，使得人们更容易再次使用这些药物。此外，多巴胺还作用于大脑中的杏仁核，产生缓解焦虑和压力的效果。因此，阿片类药物能够带来一系列让人愉悦的体验——它们减轻疼痛，带来欣快感，并缓解焦虑和压力。这也是为什么阿片类药物的成瘾问题如此严重，特别是在美国，不受监管地开具此类药物导致了广泛的滥用。

社交媒体

不幸的是,当我们使用社交媒体时,从一开始我们就处于劣势。这是因为**社交媒体应用被设计得非常具有"黏性",即能够不断吸引我们的注意力**。这些平台的开发者对人性、心理学以及大脑的运作方式有着深入的了解。如果他们的主要目标是盈利——而在大多数情况下确实如此——那么他们就需要尽可能地让人们长时间留在他们的应用上。因此,这些应用被设计得极具吸引力、让人无法抗拒,诱使我们花更多的时间在上面,不断地产生回到它们上面的冲动。

那么,究竟是什么让社交媒体如此令人难以抗拒呢?它们运用了许多策略,其中一个与让人们玩老虎机的心理原理相同,这就是**"间歇性强化"**。这种技术不仅是心理学家教父母塑造孩子行为的方法,也是驯犬师训练狗的手段。

间歇性强化的原理是在不规则的时间间隔内给予奖励。如果你想教一只狗坐下,你说"坐下",每次它坐下时你就给它一个零食(奖励)。当这种行为被建立起来后,我们通过让它对奖励产生期待来维持这种行为。如果每次狗坐下都能得到奖励,虽然它会觉得不错,但时间长了也会变得无聊。如果狗在那一刻并不想要零食,而被要求"坐下",那么为什么还要听从命令呢?相反,我们在间歇或不规则的时间间隔内给予奖励，这样一来，奖励变得不可预测，狗就学会了，即使这次没有得到奖励，但最终还是会有奖励的。因此，狗会继续服从命令，因为它知道奖励终究会到来，只是不知道具体什么时候。

同样地，社交媒体被设计得充满了这种不可预测性。当你下拉刷新新闻推送或重新打开某个应用时，总会看到新内容。你不知道这些新帖子会是什么，可能非常有趣，也可能一般般，甚至可能非常无聊。但我们不断地检查和刷新，因为我们知道有时会看到特别有趣的内容。社交媒体的互动也是如此。当我们发布一张照片时，我们不知道会收到多少个赞，谁会点赞，或者这些赞会在什么时候出现。结果就是，我们不断地去查看。

老虎机的运作方式也非常类似，而且它们被公认为极易让人上瘾，因此有严格的规章制度来进行管理（尽管有人认为还需要更多的监管，但那是另一个话题了）。如果老虎机玩家每次按下按钮时都知道结果，那玩下去的吸引力和欲望就会大大降低。**正是这种不可预测性和期待感，激发了我们在手机上不断滑动、查看或玩的欲望。**

这就是开发者和软件工程师们的高明之处。有传言说，像 Instagram 这样的应用有时会"暂时扣留"点赞。当你发布一张照片时，最初可能会对收到的点赞数感到失望。据说应用会扣留一些点赞，稍后一次性大规模释放。为什么会这样？因为这样会激活大脑中的多巴胺通路。记住，多巴胺在追求目标以及达成目标时都会起作用。如果"获得大量点赞"是你在Instagram上发布照片的目标，那么应用通过扣留点赞，让你始终保持在追求和期待的状态中。当你最终收到大量点赞时，多巴胺的分泌会更加旺盛，因为它们是一下子涌现的。我们的大脑对突然涌入的积极社交认可的反应非常强烈。虽然这种体验不如中大奖那样强烈，但积极的社交认可和互动依然会导致多巴胺的释放，进一步强化这种行为（也就是使用社交媒体的行为）。

其他让社交媒体如此有吸引力的策略还包括社会奖励刺激——例如微笑的面孔、爱心和点赞，这些都是认可的形式。想象一下，当有人"点赞"你的照片时，那种感觉和只是给它打一个"钩"或者"竖起大拇指"的感觉有多么不同。这些社交刺激是有奖励效应的，并且能够激活多巴胺通路。你可能还注意到，随着时间的推移，通知的标准发生了变化，有越来越多的方式可以进行社交互动——我们可以发布照片、视频、短片、故事、投票、问题框等。无限的社交强化方式，以及无穷无尽的理由让你去打开应用程序并不断查看，这就是多巴胺与社交媒体的结合在起作用。

再想想，使用社交媒体是多么容易且毫不费力。它几乎不需要什么认知负担。当 Facebook 取消了你到达推送底部时"点击查看更多"的功能后,这变得更加轻松。现在你可以无限制地自动滚动下去。Facebook 消除了你按下按钮继续滚动这一"主动"决策的需求。

这个按钮的存在本来会打断我们滚动时进入的那种类似催眠的状态。所以它被移除了。

最近在诊所里,我还注意到人们对约会应用的使用也变得不健康。**这些应用本是为了促进人际联结,却容易导致类似成瘾的行为,人们不断地滑动、匹配,寻求认可和社交联系**。每次只呈现一份个人资料,这就像刷新你的社交媒体推送或通知一样。你滑动选择"是"或"否",接着就会看到新的对象。满足感的诱惑和因匹配而产生的多巴胺冲动,可能会导致强迫性的使用行为。

赌博

在澳大利亚,赌博已经成为一个重要的公共政策问题,每年澳大利亚人在合法赌博上的损失高达约 250 亿澳元,这让澳大利亚成为全球人均赌博损失最高的国家。

当人们在赌博中赢钱时,大脑会释放多巴胺,让人感到愉悦和获得奖励。这种多巴胺的激增不仅强化了继续赌博的欲望,还激发了人们追逐欣快感的动力。吸引人们的并不仅仅是金钱上的收益，还有那种可能获胜的刺激和兴奋。

你听说过"接近中奖"（near miss）这个概念吗？它指的是那种差点儿赢了的体验。比如，在老虎机上，如果三个樱桃连在一起就算中奖，那么"接近中奖"就是两个樱桃加一个柠檬。这种感觉就是"我差一点儿就赢了"。要记住，多巴胺不仅在获得奖励时起作用，在追求奖励的过程中也会被激发。这意味着当人们经历"接近中奖"时，多巴胺也会被触发，从而鼓励他们继续赌博。当一个人有了"接近中奖"的经历时，大脑的反应和真正中奖时非常相似。这是因为**大脑把"接近中奖"当作部分奖励，误导赌徒认为自己正在接近大奖，尽管实际上他们什么也没赢，反而输了钱！**人们没有意识到的是，每次老虎机上的旋转都是独立随机的，和之前或之后的旋转毫无关联。"我差点儿中奖，所以我快要赢了"这种想法是错误的。尽管如此，"接近中奖"时的多巴胺激发会促使人们继续玩下去，产生对下一次中奖的兴奋和期待。

和社交媒体类似，赌博也基于"间歇性强化"的机制。我们不知道何时或是否会中奖，但我们知道中奖是可能的，因为我们自己经历过或知道其他人经历过。从统计学上来说，中奖是有可能的，但正是这种不可预测性引发了大脑中的多巴胺反应。对奖励的期待变得格外诱人。**当一个人在刚开始赌博时赢得大笔奖金，这就成了日后赌博**

成瘾的一个风险因素。[6]多巴胺在这一过程中起到了关键作用，人们不断追逐那次大赢带来的初次"高峰体验"。

赌徒输钱越多，就越想赢回来，这被称为"追逐损失"。当一个人输钱时，他觉得必须继续下注，希望能够弥补损失。不幸的是，这通常只会带来更多的损失。这种体验逐渐从"喜欢"变成了"渴望"。

相比彩票或刮刮乐，老虎机更容易让人上瘾。为什么会这样呢？想想社交媒体。老虎机让我们沉迷的一个特点就是操作简单，让人容易持续参与。我们可以非常快速地进行游戏，快速连续地下注和得到结果。再加上快速的节奏、即时的反馈（比如是否中奖），还有灯光、声音、绚丽的画面和持续的感官刺激，所有这些因素都让人很容易沉迷其中，不断地玩下去。

色情作品

近年来，我们逐渐意识到，除了药物、酒精和社交媒体，色情作品也可能导致成瘾。这是因为它会触发多巴胺的释放，过度观看可能带来问题。当某些行为不断强化大脑的奖励、动机和记忆通路时，这些行为就容易成瘾。目前，虽然还没有普遍接受的色情成瘾诊断标准，但不可否认的是，对于一些人来说，这确实会带来严重的负面影响。接下来，我们来探讨其中的原因。

在性活动中，无论是现实生活中的性行为，还是观看色情作品，都会引发大脑中一个叫腹侧被盖区（ventral tegmental area，VTA）的区域释放多巴胺。[7]这种多巴胺的释放向大脑的其他部分传递关于我们的需求得到满足的程度的信息，并强化我们继续追求这种感觉的动机，从而让我们渴望继续这种行为。这一机制同样适用于其他自然行为，比如进食和锻炼，它们也会激活对生存至关重要的奖励系统。[8]

然而，随着时间的推移，观看色情作品会让大脑对长期过量的多巴胺产生耐受性，进而需要更多或不同类型的内容才能获得相同的快感。一项对波兰约6500人的研究显示，色情作品的负面影响包括需要更长时间和更强烈的性刺激才能达到高潮，以及整体性满足感下降。[9]这种影响在青少年时期就开始接触色情作品的人群中尤为明显。有研究推测，对色情作品的耐受性可能会导致人们寻求更为强烈和具有攻击性的内容，并与现实中的性暴力行为存在潜在联系。研究者还发现，色情作品与攻击性之间存在关联，即长期观看暴力内容会增加自我报告的性攻击行为的概率。不过，这也可能是因为更具攻击性的男性更喜欢观看暴力色情内容。[10]因此，在得出任何明确结论之前，仍需要进一步的研究和探索。

购物

当我们想到要买某样东西时,大脑会开始释放多巴胺。如果这是一件我们非常渴望的物品,那么预期和渴望也会随之增强。当我们在商店中浏览或者在线上搜索,看到那些感兴趣的商品并考虑是否购买时,大脑会继续释放多巴胺。当我们最终决定购买时,多巴胺水平会再次飙升,带来一种强烈的奖励体验,同时伴随着满足感和充实感。这种**多巴胺的激增强化了购物行为,并在购物与愉悦体验之间建立了紧密联系。**

相比预期中的奖励,大脑更喜欢的是意外的惊喜。想象一下,你在一个周日下午随意浏览网页,偶然看到了一个户外烧烤炉的广告。你最近一直在想着夏天和朋友们聚会的情景,觉得烧烤炉会非常有用。于是你打开了几个浏览器标签页,查看不同型号的烧烤炉,还阅读了各种评测。你决定下单购买,感觉非常开心。其实你本来没有计划在那个周日下午买烧烤炉,但这种意外发现并下单的过程带来的愉悦感远远超过了计划内的购买。

购物如此吸引人,甚至让人欲罢不能,还因为一些其他因素。[11]**购物的过程越迅速,越容易让人上瘾;相反,花费的时间越长,成瘾性通常就越低。**想象一下,如果一台老虎机每次转动需要两分钟,人们很快就会失去兴趣。

而如今，通过在线支付系统，购物变得轻而易举。再加上各种精巧的营销手段，这些手段激发了消费者的购买欲望，使得购物体验更加吸引人。通过广告制造看似划算的折扣，或者让商品显得稀缺，消费者会产生一种强烈的冲动消费的紧迫感。在线购物、便捷支付和快速送货，共同加剧了这种多巴胺的体验。**随着技术的发展，冲动与购买之间的"冷静期"——保护性延迟也越来越短。**

在线购物平台也意识到，在购物体验中引入"游戏化"元素具有巨大价值。所谓游戏化，就是将游戏中的元素——比如得分和与他人竞争——用作在线营销的手段，以保持人们对某个产品或服务的持续兴趣。在线购物平台 Temu 通过游戏化功能激励顾客便是一个典型的例子。购物和游戏的结合创造了一种令人上瘾的用户体验，奖励和优惠券模仿了你可能从电子游戏中获得的体验。其他品牌也纷纷效仿，在网站上加入"转盘抽奖"的功能和测验。星巴克为购买商品的顾客提供"星星"作为奖励，并提供挑战以获得额外积分；拉科斯特（Lacoste）则设计了一个"鳄鱼狩猎"游戏，顾客可以在虚拟商店中解锁奖品。

我曾经的来访者之一，萨莉，就在控制在线购物的冲动和兴奋方面遇到了困难。她特别容易被像 Temu 和 Shein 这样的购物平台吸引，因为这些平台的购买选择几乎无穷无尽。低廉的价格、倒计时促销和游戏化功能结合在一起，让人很容易沉迷其中。低价商品为消费者带来了多巴胺的刺激，使他们不断回到平台上购买。虽然我不一定会说萨莉"沉迷"于在线购物，但她的消费确实超过了她的可支配收入。

电子游戏

和社交媒体一样，电子游戏也很容易让人上瘾。这背后的原因有很多，比如赢得游戏中的奖杯、在排行榜上获得认可或者解锁通关奖励，这些都会带来强烈的成就感，进而激活大脑的奖励通路。这种积极的反馈促使玩家不断投入游戏。**随着游戏进展，多巴胺的释放让玩家体验到成功的喜悦，激励他们继续玩下去。**而且，这些奖励通常是即时的，快速的反馈让整体体验更加刺激，并提供了即时的满足感。此外，沉浸式的故事情节和生动的角色塑造，让电子游戏成为一种资源丰富的消遣方式。最重要的是，玩家可以在任何时间、任何地点玩游戏，根本无须费事出门。

手机上的游戏也不例外。和其他形式的游戏一样，手游被精心设计来吸引玩家的持续投入。沉浸其中时，我们的时间感常常会被扭曲，玩得入迷的时候，大脑无法感知真实时间，而是以游戏中的快乐来衡量时间流逝。每次通关或升级，便成了时间流逝的标志。游戏中的鲜艳色彩和刺激音效不仅吸引我们的注意力，还通过经典条件反射形成一种循环，这种循环被多巴胺强化，使我们不断重复这个过程。

当研究人员询问那些在手机上玩游戏的人，是什么让游戏更具"成瘾性"时，有三点特别突出。[12] 首先是游戏的挑战性，越有挑战的游戏越容易吸引玩家去不断突破自己，追求游戏内的奖励。其次是社交元素，与家人朋友一起玩游戏，合作通关、策略对抗、建立虚拟友谊、获得社交认可，都是极具吸引力的体验。再次则是游戏的画面和动画效果。[13]

多巴胺不仅参与愉悦的体验，还参与对愉悦的追求。 因此，每当我们拿起手机时，都会有一种冲动想要打开应用、玩一把游戏，这激活了大脑中负责渴望的神经通路，与物质依赖中的渴望机制类似。[14]

对大多数人来说，玩电子游戏是一种有趣的娱乐活动，但确实有少数人会因此遇到严重问题。脑成像研究显示，电子游戏和其他成瘾行为具有相同的神经生物学激活，[15] 多巴胺和奖励通路都会被激活。此外，沉迷游戏的人在多巴胺能系统中的灰质体积也会发生变化，[16] 这被认为会影响自我控制能力，从而进一步加剧成瘾问题。麦考瑞大学的沃伯顿教授长期研究游戏和屏幕成瘾，他对这些问题的影响深感担忧。他指出:"目前,电子游戏是唯一一种获得临床诊断的屏幕使用问题,但随着研究的深入,我们越来越清楚,**无论是在线还是离线游戏、网络浏览、社交媒体还是智能手机,它们的设计都是基于成瘾模型,可能导致类似的问题。**"

当然,这并不意味着每个玩电子游戏的人都会成瘾。然而,对于那些本身有成瘾倾向,或是心理健康上存在脆弱性的人来说,确实更容易沉迷其中。所以,游戏易沉迷,玩家需谨慎!

还有什么

随着时间的推移,我们发现越来越多的行为可能让人们与之形成不健康的关系。你可能还记得在第 3 章提到的该领域的主要研究者之一——马克·格里菲思教授,他在研究哪些行为可能导致"上瘾"方面做了大量工作。他研究了过度使用互联网、过度工作、沉迷观看内容、[17] 疯狂自拍,[18] 甚至是过度学习 [19] 的问题。沃伯顿教授还警告我们关于"短视频上瘾"的现象(比如你在 TikTok、Instagram 和 YouTube Shorts 等平台上看到的短视频)。**短视频的设计就是为了不断给我们带来小剂量的多巴胺刺激,却从未让人真正感到满足。**由于人工智能算法的推送，我们会不断看到更多我们喜欢的内容，因此不停地刷下一个短视频，寻找更有趣的东西。就像其他互动屏幕平台一样，短视频被设计得非常"黏人"。甚至约会软件也可能让人上瘾和被操控，有些人甚至说**他们与这些应用之间形成了不健康的关系，一看应用就会持续不断地滑动选择。**

目前关于这些行为的研究还非常有限，还不足以将它们正式归类为"成瘾"，我们还需要更多的研究来理解其背后的神经机制，以及多巴胺激活在其中的作用。

共同思考

- 这一章让你如何反思自己与追求快乐的活动或物质之间的关系？是否有某些行为或习惯让你深有感触？
- 了解多巴胺和大脑奖励通路的作用，会如何影响你对这些物质和行为的态度？
- 掌握了这些关于多巴胺和奖赏机制的知识，你会做出哪些改变呢？

The
Dopamine
Brain

第 5 章

还有哪些神经递质至关重要

本书主要围绕多巴胺展开讨论，探讨由多巴胺引发的行为模式，以及如何调整生活方式，从而在快乐与目标之间找到健康的平衡点。然而，多巴胺并不是单打独斗的。内啡肽、血清素、催产素和去甲肾上腺素等其他神经递质，同样也在我们的身心健康中扮演着不可或缺的角色。这些神经递质带给我们的正面情绪感受各不相同。比如，多巴胺不仅带来愉悦感，还激发我们内心的渴望，营造出一种幸福感；内啡肽则能在关键时刻缓解痛楚，让我们在困境中坚持下去；血清素能够提振心情、减轻焦虑；催产素让我们感受到与他人间的依恋和紧密联结；而当面临挑战时，去甲肾上腺素则为身体进入战斗状态做准备。接下来，我们将深入研究多巴胺外的这四种关键神经递质的具体功能，它们是如何工作的，各自负责什么任务，以及为何它们对我们如此重要。

内啡肽

内啡肽（endorphins）与多巴胺一样，在人类生存机制中占据核心位置。它们核心的使命之一就是在短时间内抑制疼痛感。举例来说，在遭遇突发事故时，正是内啡肽迅速介入，暂时屏蔽了剧烈的痛觉，让你的身体得以采取行动，立即逃离潜在的危险情境。

不仅如此，当我们进行体育锻炼时，也会产生内啡肽，带来一阵阵愉悦感。[1] 它可以帮助减轻压力，使人的心情变得更加愉快。或许你曾听闻过"跑者高潮"（runner's high）这个词，或者注意到有些人似乎对跑步上瘾——这一切都离不开内啡肽的作用。当你把自己逼到极限，体验到"跑者高潮"时，身体会释放内啡肽，让你即使感到疼痛和压力，也能继续奔跑。

从化学结构上看，内啡肽与阿片类药物有相似之处，因此它们在缓解疼痛方面效果相近。这类药物通过阻止大脑接收疼痛信号来发挥作用，同时还能帮助放松身心，让人进入一种轻松甚至飘飘然的状态。难怪它们如此容易让人上瘾！阿片类药物滥用已成为全球范围内令人担忧的公共卫生问题，特别是在美国，形势尤为严峻。2021 年的数据显示，仅芬太尼这一种阿片类药物就造成了超过 67 325 起可预防的死亡案例，相比之前增长了 26%。芬太尼通常被用来处理慢性疼痛、癌症引起的剧烈疼痛以及其他类型的神经损伤、背部受伤及手术后疼痛等。在澳大利亚，它被列为 8 类管制药品之一，这意味着医生和药剂师开具此类药物时受到严格限制，因为它具有很高的成瘾性。这是有充分理由的：芬太尼的效力大约是吗啡的 80~100 倍。[2] 像所有阿片类药物一样，芬太尼是一种呼吸抑制剂，意味着它可以干扰一个人的呼吸能力，过量摄入很容易导致致命后果。

催产素

你是否曾经历过初次约会时，那种温暖而朦胧的美好感觉？或者，当你紧紧拥抱所爱之人时，内心涌动的那股暖流？又或许，是你轻抚新生儿时，那份难以言喻的喜悦？这一切，都是催产素（oxytocin）在默默施展它的魔力。催产素，一种在大脑中充当重要神经递质的激素，它的主要任务之一就是帮助我们与他人建立深厚的情感联结，让我们在彼此间找到归属感和依恋感。

人类天生就是"社会性动物",对社会依恋的需求深深植根于我们的行为之中。催产素帮助我们感到与他人的紧密联系,它调节我们的情绪,让我们变得友善、乐于交往,还让我们学会信任和同情。这就是为什么,当我们与在乎的人在一起时,心中总是充满了喜悦和满足。而催产素也因此被誉为"爱情激素",它在性爱过程中的释放,更是为我们增添了无尽的浪漫与温馨。

从进化的角度来看,催产素在亲子关系中扮演着举足轻重的角色。作为母性激素的关键成分,它让父母与子女之间建立起难以割舍的深厚情感。在哺乳动物中,催产素还与分娩和哺乳紧密相关。[3]在分娩的前夕,女性体内的雌激素水平会显著上升,进而触发催产素的大量分泌,为迎接新生命的到来做好准备。[4]

2005年的一项研究报告显示,催产素对于增强人际的信任感也至关重要。[5]催产素的释放显著提升了个体间的信任度,并进而提高了社会互动带来的积极影响。[6]具体来说,它影响了人们对接受社交风险的意愿。实验发现,给予被试催产素后,他们对待他人的态度会变得更加慷慨和友善。[7]

此外,我们也需要认识到催产素在缓解孤独感方面的作用。孤独正成为一个日益严重的社会问题,已经引起了世界卫生组织的高度重视。虽然偶尔的孤独感是人类正常的情感体验，但长期的孤独感，即感到与他人缺乏联结或拥有令人不满的社交关系，会对身体健康和心理健康产生重大负面影响。数据显示，在新冠疫情暴发前，不断增加的孤独感就已经引起了人们的担忧。2001~2021 年，1/5 的澳大利亚人同意"我经常感到非常孤独"的说法。[8] 孤独与早逝风险增加 26% 有关，[9] 还会提高罹患高血压的风险，加速阿尔茨海默病进程，导致认知功能下降，降低免疫力，以及增加炎症性疾病、抑郁和焦虑等问题。[10] 催产素水平低可能导致孤独感加剧，进而增加负面健康结果的风险。[11]

那么，我们怎样才能提振情绪，加深与他人的联结呢？那就通过有意义的互动吧。身体接触可以触发催产素的释放。简单的拥抱以示问候和道别、轻轻搂着对方肩膀或是握握手，都能让给予者和接受者都感到舒心。与我们关爱的人进行身体和情感上的亲密交流，不仅能够促进催产素的产生，还能让我们感到更加愉快，减少压力。所以，不妨多与亲朋好友亲近一些——给他们一个温暖的拥抱吧！

血清素

当人们谈及血清素（serotonin，又称 5- 羟色胺）时，往往首先会联想到大脑。但事实上，仅有大约 10% 的血清素是在大脑中产生的，而剩余的 90% 则来源于肠道以及胃肠道内壁的细胞。当血清素水平处于平衡状态时，我们会感到专注、平和且情绪稳定。中枢神经系统中血清素的增加可以提升我们的情绪，并有助于减轻焦虑。[12]

早在 20 世纪 60 年代，科学家们就提出了血清素水平下降与抑郁症之间存在的关联。[13] 如今，这一理论已被广泛接受，调查表明，大约 80% 的澳大利亚人认为抑郁症是由"化学失衡"造成的，[14] 许多医生也认同这一点。[15] 不过，这仍然是一个理论。现有的证据并不完全一致，科学界对于抑郁症是否真的由血清素不足引起还没有达成共识。[16]

当然，这并不意味着你应该丢弃你的抗抑郁药物！像选择性 5- 羟色胺再摄取抑制药 [（selective serotonin reuptake inhibitor(s)，SSRI 或 SSRIs] 这样的药物，对很多人来说是十分有效的。重要的是要认识到，大脑的结构和功能极其复杂，还有许多未解之谜需要科学家和医生去探索。

去甲肾上腺素

去甲肾上腺素（noradrenaline），也称为正肾上腺素（noradrenaline），既是一种激素，也是一种神经递质。它的主要功能是调动大脑和身体做好准备采取行动。去甲肾上腺素能够提升我们的警觉性和专注力，帮助我们更好地行动。它还能增强我们的警惕性，集中注意力，并促进记忆的形成。

当我们处于睡眠状态时，去甲肾上腺素的分泌量相对较低，因为我们此时不需要保持高度警觉或随时准备行动。清晨醒来之际，大脑会释放少量去甲肾上腺素进入血液循环，帮助我们开始新的一天。如果你在锻炼时感觉到额外的能量爆发，那就是去甲肾上腺素在帮助你突破极限。而在面临压力或危险时，去甲肾上腺素的分泌将达到顶峰。

需要注意的是，去甲肾上腺素和肾上腺素之间存在区别。去甲肾上腺素平时会以较低水平持续释放，而肾上腺素则主要在紧急状况下大量释放。当大脑察觉到危险时，它会触发肾上腺素的大量释放，从而激活"战斗或逃跑"的应激反应。这种反应有助于我们准备好应对威胁，或是迅速逃离现场。肾上腺素会提高心率和血压，促使能量储备中的葡萄糖释放，并增加流向肌肉的血液量，同时减少流向膀胱和消化系统的血液量。

在压力状态下，我们的身体希望更多的血液流向肌肉，以便我们能够迅速做出反应，同时也希望能量储备中的葡萄糖被释放出来，为采取迅速行动提供必要的能量支持。相比之下，流向膀胱和肠道的血液量会减少，因为在充满压力和肾上腺素飙升的情境下，显然不是上厕所的好时机。幸运的是，我们的身体非常聪明，懂得如何调节这些生理变化！

那么，**我们怎样才能利用自然的方法来提振心情、增进福祉呢？** 有三种核心活动对我们的身心大有裨益，特别是当它们相互融合时，效果更是锦上添花。它们分别是：音乐、社交互动与运动。

音乐能够激活大脑的左右半球，助力学习与记忆。它能改善情绪，带来愉悦，让艰巨或痛苦的任务变得轻松一些，帮助我们集中注意力，并增强对信息的记忆。[17] 研究发现，聆听你喜欢的音乐会让大脑释放更多的多巴胺，给你带来愉悦的体验。[18]

然而，这还远远不够。音乐的影响不仅仅局限于多巴胺的分泌，它还与内啡肽（一种能够缓解疼痛的神经递质）的释放息息相关。虽然只是听音乐就能引发少量内啡肽的释放，但唱歌、跳舞或演奏乐器时，内啡肽的释放量会更大，从而带来更加积极的情绪状态。[19] 现在，让我们在此基础上更进一步：如果我们把既能让多巴胺释放又能让内啡肽释放的音乐，与同样能让内啡肽释放的运动结合起来，会发生什么？答案是非常乐观的！**当音乐与运动结**

合时，它能激励人们更努力、更持久地锻炼，甚至超出自己的预期。[20] 如果你不喜欢在健身房里听音乐，或者对尊巴舞课不感兴趣，下次打扫房间时，不妨放上你最爱的歌曲，跟着唱一唱。这绝对会让你的心情大好。

我的同事，美国伯克利音乐学院的助理教授凯特·比弗（Kate Beever）指出，没有一种音乐风格适合所有人。这完全是个人喜好问题。如果你喜欢重金属乐队，那就尽情享受吧。它和其他类型的音乐同等有效，就像是古典音乐或者舒缓的民谣一样。

当我们聆听自己喜欢的音乐时，体验会更加深刻，因为我们对其投入了更多的注意力。我们可能会默默地跟着哼唱，或是轻敲脚尖跟着打节拍。即使我们不熟悉这首歌，但大多数流行音乐的结构对我们的大脑来说都是足够熟悉的，以至于我们能够预期这些音乐的节奏和旋律。当我们对接下来的旋律有所预期，并且这些预期得到满足时，我们会感到一种轻松愉悦，这是因为多巴胺和血清素的释放。据我们所知，我们不会对音乐"上瘾"，并且音乐的效果也不会减弱——**聆听音乐释放的多巴胺恰到好处，让我们感觉非常棒。**

现在，让我们来考虑音乐和与他人的联系。音乐本身就能帮助我们建立一种联结感。毕竟，音乐被誉为"通用语言"。我们知道，与他人的联结可以释放催产素。与朋友一起听着音乐锻炼，或者参加团体健身课程，都会为音乐和活动增添社交元素。更好的选择是，为什么不与朋友们一起去跳舞呢？**结合音乐、运动和社交互动可能是提升心情的完美三重奏！**

虽然多巴胺在我们的行为和感受中起着重要作用，但我们也不能忽视其他神经递质的作用。多巴胺并不是单独工作的，而是大脑中复杂回路的一部分。利用这些神经递质的综合作用，是自然提升心情和幸福感的有效方法。

共同思考

- 你能否回忆起生命中的一些时刻，肾上腺素曾给你带来帮助？
- 你可以通过哪些自然的方式来促进内啡肽、血清素和催产素的健康生成？
- 想一想这些神经递质的作用以及它们是如何被激活的，你能否找到一些自然的方法来增强你的社交联系和幸福感？

The
Dopamine
Brain

第 6 章

快乐与目标的冲突

为什么我们需要了解多巴胺并学会如何管理它？过一种纯粹追求快乐的生活有什么不好吗？如果我们每天花钱、玩电子游戏、买买彩票、浏览社交媒体、吃甜甜圈就能感到快乐，为什么不可以这么做呢？其实，这样的生活本身也并非罪大恶极，但这样的生活方式不会让我们感到真正的满足。我们所体验的只是一种短暂而肤浅的快乐。想象一下，当你在手机上玩游戏时，那一刻确实很愉快，但**一旦放下手机环顾四周，重新面对现实生活时，那种快乐就会消失**。现实生活总是充满了挑战和困难，但它也可以是充实而有意义的。如果生活没有意义，我们很可能会再次拿起手机寻求逃避。

玩电子游戏、使用手机应用、喝酒、网上购物等，这些活动只能在多巴胺水平调整之前给我们带来短暂的快乐，直到我们的多巴胺水平适应后阈值提高为止。之后，这些活动变得"习以为常"，也就不再那么吸引人了。当然，我们不能整天都在吃喝玩乐。我们还要上班、照顾家庭、支付账单、做饭、洗衣、修剪草坪……生活中的琐事无穷无尽！如果我们生活中的"快乐"仅仅来自多巴胺驱动的行为，那么在不进行这些活动时，我们可能会感到非常不舒服。我们可能会感到悲伤、空虚、不满足或焦躁不安。我们可能会想要回到那些多巴胺驱动的行为中，因为它们至少在短期内不会让我们感到糟糕。

这就引出了平衡快乐与目标的挑战。别误会，我完全支持偶尔刷刷社交媒体或在网上买买东西。我也不是要你删除电子游戏或约会应用；实际上，我是它们积极益处的坚定倡导者。我想帮助你做的，是找到那个完美的平衡点，让你**既能享受那些令人愉悦的事物，又能过上充实、丰富和有意义的生活**——一种充满目标和满足感的生活。当你八十大寿时，我希望你能回顾一生，对自己所做的决定和选择的生活方式感到满意。

快乐与目标并不是相互排斥的。当我们找到正确的平衡时，它们可以共同作用，帮助我们过上极其丰富多彩的生活。平衡享乐活动与有意义追求的想法并不新鲜。古希腊人认为有两种"幸福":一种是源自追求快乐和避免痛苦的享乐型幸福(hedonic happiness);另一种是源自追求有意义事业的实现型幸福(eudaimonic happiness)。确实有可能只拥有一种而没有另一种,也就是说,一个人可以有很多由多巴胺驱动的享乐型幸福,而没有充实的实现型幸福。反过来也是一样。

让我们来看一个例子。我的一位来访者,加里(Garry),是一位成功的投资分析师,拥有丰厚的收入和令人羡慕的生活方式。他在悉尼最负盛名的地区拥有一套宽敞的滨水公寓,还收藏了几辆豪车。作为社会名流,他经常收到各种高端聚会的邀请。他会出入顶级餐厅,游览世界各地的奢华度假胜地,参加各式各样的高档派对。他体验到了许多享乐型幸福,也坦言这些物质享受确实带给他快乐。然而,他却找不到生活的真正意义所在。实际上,加里一直在与抑郁症抗争,而这一点是他的朋友和家人所不知道的。他对自己的工作毫无热情,也不觉得有什么价值可言,但为了保持这种享乐的生活方式,他不得不继续下去。加里时常感到孤独,认为他的许多朋友关系都相当表面化,似乎人们只是看中了他的财富才愿意接近他。

加里缺少了那些能够赋予生命意义的追求。在我和他一起工作的过程中,我们致力于寻找那些能让他内心感到满足且具有个人价值的活动。他很快意识到，对他而言，真正重要的是那些"超越自我"的事物。他对自己的文化有着强烈的归属感。他来自一个庞大的印度家庭，成长于这样的环境中，这成了他身份的重要组成部分。然而，随着岁月的流逝，他逐渐失去了与文化和传统之间的联系。于是，他决定重新与自己的文化传统建立联系，并希望为曾给予他强烈归属感的那个社群做出贡献。

我的建议并非让他放弃昂贵的度假，也没有提议他将滨水公寓换成郊区简朴的住宅。相反，我建议他**尝试在追求享乐与从事有意义、有目的的活动之间找到平衡。**

一天只有 24 小时，当你将更多精力投入有意义的事情上时，自然而然地，花在单纯享乐上的时间就会减少。加里开始更频繁地参与社区活动，并通过捐赠来帮助有需要的人。这样做不仅增强了他与他人更有意义的深层次联系，还逐步减轻了他的孤独感。因此，他自然减少了参加派对和奢华社交晚宴的时间。有时，他会面临"选择点"（关于这一点，第 12 章将有更多讨论）。如果同一个晚上既有社区活动又有社交活动，他会选择参加哪一个呢？这里没有对错之分。我所希望帮助加里达到的状态是：找到一种既符合他内心需求又能让他感到满意的平衡状态。

接下来，我们再看看另一位来访者桑德拉（Sandra）的例子。桑德拉是一位充满热忱的社会工作者，她将自己的全部精力都倾注于帮助弱势群体以及那些经历过创伤、心理健康状况不佳的人们。除了日常工作，她还积极参与各种慈善组织担任志愿者，是社会正义和变革的积极倡导者。桑德拉觉得自己的工作意义非凡，能够为他人的生活带来积极改变，无论大小，都让她的辛勤工作变得值得。她在生活中体会到了深深的实现型幸福，这是一种源自内心深处的成就感，让她觉得自己有能力在社会上产生积极的影响。

尽管如此，长期从事这种情绪消耗极大的工作，让桑德拉时常感到身心俱疲。因为工作的要求以及她对多项社会事业的投入，她的闲暇时间十分有限。即便在难得的休息时间里，她也倾向于做一些与工作有关的事情，比如阅读关于社会正义的书籍，或是在播客上听那些经历困境后重获新生的人们的故事。桑德拉过着简朴节约的生活，由于经常加班，她甚至很少有机会与朋友们相聚。

我的工作重点是帮助桑德拉在生活中找到平衡。我们尝试寻找那些纯粹为了乐趣而进行的活动，这些活动除了带来快乐之外，没有其他功能。桑德拉一直热爱艺术，年轻时曾参加过美术课程，但后来因忙碌而无暇顾及。因此，她购买了一套水彩画具、几幅画布和一个画架，在家里设置了一个温馨的艺术角落，以便随时挥洒创意。此外，她开始在晚上收看一些喜剧节目，以此来放松心情。

正如加里一样，桑德拉也会面临她的"选择点"，毕竟时间不够用来做所有事情。她必须**权衡追求即时快乐与追求更深层满足感之间的关系，而平衡是做出这些选择的关键。**

我并不是要告诉你，究竟应该花多少时间沉浸在那些由多巴胺驱动的享乐追求中，或者应该花多少时间回馈社区或做慈善工作。每个人都需要根据自己的情况，找到最适合自己的平衡点，这并没有标准答案。

让我再来分享一个我个人的经历吧。我曾因工作需要，多次前往位于新南威尔士州偏远地区的布罗肯希尔（Broken Hill），这个地方对我意义非凡。第一次踏上这片土地时，我就深深爱上了这里的人们和他们之间紧密的共同体精神。我被那片赤红粗糙的土地所吸引，也迷恋于身处荒野内陆之中那份特有的平静与安宁。至今为止，我已经四次造访布罗肯希尔及其邻近的银顿镇（Silverton），并希望能有更多机会重返此地。在最近的一次旅程中，我决定利用部分时间来完成本书的写作（毕竟我还有个截稿日期要赶）。不过，每周三晚上是皇宫酒店（Palace Hotel）的卡拉OK之夜，这是一家因电影《沙漠妖姬》（*Priscilla Queen of the Desert*）取景而出名的酒店，每次去布罗肯希尔我都不会错过。首次参加卡拉OK之夜时，我玩得很尽兴，这种快乐体验激发了我的多巴胺分泌，促使我想要再次参与。

但在那个周三晚上,我遇到了一个当地原住民家庭。其中一位阿姨,在我之前的一次访问中,我们曾有过一面之缘。她给了我一个大大的拥抱,把我介绍给她的家人,并张开双臂和心扉欢迎我。她坐下来,给我看了她儿时的照片。照片中有她的兄弟姐妹,有的依然健在,有的已经离世。她还给我看了她的养母(最近也去世了)和养兄弟姐妹的照片。她与我分享了许多美好回忆,同时也谈及了一些艰难的时光。

这个家庭向我解释了他们与布罗肯希尔地区威利亚卡利(Wilyakali)土地的深厚联系。他们向我介绍了他们的图腾,并讲述了该地区河流变迁的故事。与这个家庭共度的时光对我来说非常珍贵。对我来说,与人建立联系非常重要。我完全沉浸在这个家庭分享的知识和故事中,通过与他们开放而真诚地交流,我感到与他们建立了深厚的联结。同时,我也对脚下这片土地有了更加深刻的感受。那一刻,我的心里充满了温暖、感激和满足感。这种快乐不是那种让你捧腹大笑的类型,而是一种嘴角微微上扬、心中洋溢着暖暖爱意的幸福感觉。

当天晚些时候,卡拉OK之夜开始了。我真的去了皇宫酒店,喝了一杯姜汁啤酒吗?当然去了!我跟着唱了那些在乡村小镇卡拉OK之夜必不可少的经典澳洲歌曲吗——比如冰凿乐队(Cold Chisel)、约翰·法纳姆

（John Farnham）、新浪潮乐队（INXS）的歌曲，还有李·克纳汉（Lee Kernaghan）的《来自乡下的男孩》（*Boys from the Bush*）？没错，我确实跟着唱了！我还在社交媒体上发了动态，等着人们点赞、评论和私信我吗？绝对是的！我也绝对不是对社会认可的多巴胺冲击免疫。那天晚上回到酒店房间时，我不仅回想起了卡拉OK之夜的欢乐时光，也回味着与当地家庭相处的宝贵时刻。这些经历给了我不同类型的幸福，一种无法取代另一种。那一天之所以非常美好，是因为我找到了平衡。我既享受了娱乐的乐趣，也体验了富有意义和目的的时刻。那一晚，我的脸上带着微笑，心里也满是幸福，就这样进入了梦乡。

在享乐与目标之间找到平衡是过上充实生活的关键。我经常告诉我的来访者："除非这成了一个问题，否则什么都不是问题。"问题并不在于某一特定行为本身，而是我们对这一行为的态度。当某个行为变得无意识地自动化且过度化时，问题就会产生。偶尔一晚上狂追《权力的游戏》（*Game of Thrones*）并没有什么不好——只要这是经过深思熟虑后的选择。但如果每天下班回家后，我总是不由自主地打开电视看上好几个小时，这就成问题了。**这种自动化且过度化的行为，就会以牺牲生活中其他重要事物为代价。**

我们不需要将一种追求定义为"正确"，而将另一种定义为"错误",只需找到适合自己的平衡点。就像加里和桑德拉一样,**我们都会面临这样的选择:如何在追求享乐型幸福和追求实现型幸福之间找到平衡**。我在布罗肯希尔度过的那一天提醒了我,这两种类型的幸福都是必不可少的,而且也是可以兼得的。

共同思考

- 哪些活动给你带来了享乐型幸福?
- 哪些追求给你带来了实现型幸福?
- 你能想到一次你沉迷于享乐型行为之后感到空虚或不满的经历吗?
- 你是否曾经在纯粹为了快乐的活动和那些符合你的价值观与抱负的活动之间感到纠结?
- 你在生活中是如何找到享乐型幸福和实现型幸福之间的平衡的?哪里还有改进的空间?

The
Dopamine
Brain

第 7 章

确定你的目标行为

到目前为止，我希望你已经对自己的一些行为和习惯有所思考。我们讨论了一些会干扰多巴胺产生的不同物质和活动，以及这些是如何阻碍我们过上有意义和目标导向的生活的。

我想帮助你改变与问题行为之间的关系。可以把它想象成一场权力斗争。现在，你可能会觉得有什么东西在控制着你，让你可能在无意识自动化且过度化地做这些事情。举个例子，我诊所楼下的咖啡馆卖的糖霜甜甜圈。如果我每天坐在办公桌前都在想着，什么时候可以下楼买一个甜甜圈，那么甜甜圈就控制了我。我需要控制自己是否以及何时吃甜甜圈，而不是被它牵着走，或者满脑子都是买甜甜圈的想法。同样，对于那些酗酒的人来说，他们在派对上可能会喝得比自己实际想喝的还要多。他们需要改变与酒精的关系，这样就不会有过度饮酒的冲动，重新获得控制权。

虽然我们谈了很多多巴胺在塑造和驱动我们行为方面的作用，但还有其他因素会影响我们在特定一天的感受。我们的心情和情绪是影响我们在 TikTok 上滑动页面或玩电子游戏时间长短的重要因素。无论是积极的还是消极的情绪都可能影响我们。有时候，甚至连无聊也会驱使我们做一些事情。如果我们因为饮食不足或睡眠不足而感到饥饿或疲劳，那么我们可用的认知资源和能量就会减少，从而难以应对日常生活或控制某些行为。确实，多巴胺在驱使我们趋向这些行为中起着重要作用，但其他因素也会让我们变得更容易受到影响。我们将在第三部分更详细地探讨这些因素，并研究如何管理它们。

我希望你能选择一个你想要改变与之关系的行为或物质。记住，目标不一定是要永远戒掉它。但你也可能会把这作为你的目标，如果是这样，那也很好！然而，有些行为很难完全戒除（比如购物、吃糖和性）。在一段时间内，我们会尽力克制，然后逐步以更平衡的方式重新引入这些行为。**这里的目标是改变平衡，让甜甜圈、社交媒体、酒精或约会应用不再控制你！**

如果你还不确定想要改变与哪种行为的关系，可以参考以下列表。（记住，如果你认为自己有严重的成瘾问题，在没有咨询医疗专业人员的情况下，不要采取任何行动。戒掉某些物质和活动可能是危险的。）

酒精	香烟	药物	赌博
购物	锻炼	追剧	工作
性行为	咖啡因	色情内容	
电子游戏	社交媒体	约会应用程序	
吃甜食/暴饮暴食		寻求刺激或冒险行为	

一旦你选定了想要努力改善的行为，当你阅读第二部分和第三部分时，请将其牢记于心。在第二部分中，我们将暂时放下多巴胺的话题，转而审视我们的价值观。我们会探讨了解和理解自己的价值观如何帮助我们过上有意义和充实的生活，从而减少通过我们选择的问题行为来逃避这种生活的自动欲望。在第三部分中，我们将开始做出改变，采取具体行动并练习特定技能。

确定问题行为是改变的起点。你已经朝着摆脱强迫性和多巴胺驱动的即时满足感的生活迈进了一步，并向着真正充实和有意义的生活前进。恭喜你！

共同思考

- 在尝试改变与所选物质或行为的关系时,你认为自己会面临哪些障碍?
- 反思一下你与所选行为之间的权力动态。它目前是如何控制你的,你希望这种动态如何改变?
- 回忆一下你感到行为控制了你行动的时刻。当时的情况是怎样的?你有什么感受?
- 想象一下,如果没有这种行为的影响,未来的自己会是什么样子?你希望自己的整体福祉发生哪些变化?

第二部分
目标与快乐的平衡

The Dopamine Brain

能在即时快乐与长期目标之间找到平衡吗?怎样找到自己内心真正的渴望并设立相应的目标?这一切与多巴胺有什么关联?

在第一部分中，我们一起深入探究了多巴胺背后的神经科学原理，了解到这种物质是如何支撑起我们日常生活中的许多快乐时刻的。当时，我们主要关注的是即时的快乐感受及对未来的美好期待。而在接下来的这部分里，我们要探讨的是"目标"的意义。我们究竟珍视些什么？是什么赋予了我们生活的意义？我们又该如何找到属于自己的目标？快乐与目标是互斥，还是我们能在它们之间找到和谐的平衡？（小提示：其实两者是可以兼得的！）我将引导你完成一些练习，帮助你发现自己内心真正重视的东西，明白这些价值观的来源，并据此设立相应的个人目标。那么，这一切又与多巴胺有什么关联呢？嗯，到了第三部分，我将会介绍如何暂时放下那些受多巴胺驱使的习惯，转而采取更符合自己核心价值观的行动来取代它们。

The
Dopamine
Brain

第 8 章

为什么总是感到不快乐

我想跟大家分享一个故事，关于我的来访者本（Ben），一个 21 岁的小伙子。本告诉我，他最近总是感觉心情低落，失去了往日的热情。他每天过得都很平淡，没有什么事情能激起他的兴趣。他比平时睡得更多，甚至白天也偶尔需要额外补觉。空闲的时候，他就沉迷于电子游戏。

尽管如此，在当面交流时，本显得十分友好且富有魅力。你可能会以为他有很多朋友，就像是那种会在早上排队买咖啡时就能与身边的陌生人愉快聊起天来的人。他的父亲是一位成功的会计师，经营着一家成功的公司，而本正在攻读会计学位，已经读到了一半。家人一直期望他能够子承父业，将来有一天接手家族企业。此外，本还是一名出色的长跑运动员，从少年时期就开始参加竞技比赛，并一直持续到现在。他曾和最好的朋友一起组过乐队，但他的朋友一年前搬到了海外，乐队也随之解散了。

表面上看，本似乎拥有了令人羡慕的一切。然而，**他并不开心**。随着我们交流的深入，**很明显他并没有过着与自己的价值观相符的生活**。他所学的专业并不是他的兴趣所在，对未来从事金融和会计职业也没有真正的热情。他对长跑所需投入的时间和精力心存不满，但仍坚持了下去。这主要是因为他在青少年时期就展现出了长跑的天赋，并取得了一系列成绩，这些成绩已成为他人眼中自己身份的重要组成部分。至于打游戏，则成了他逃避现实的一种手段，让他得以暂时忘却生活的烦恼，沉浸在一个虚拟的世界里。

于是，我给本提出了这样一个假设："假如我们有一根魔法棒，只要挥一下，就能够让你的生活变得完美无缺，一切都如你所愿，不再有任何忧愁。你觉得那会是什么样的情景？与现在相比，会有哪些不同？"

面对这些问题，本显得有些迷茫。他从未真正思考过自己到底想要怎样的生活。毕竟，那时他还年轻，只有21岁。不过，他确实意识到有一些事情需要改变。经过一段时间的努力，我们一起回答了这些问题，明确了本的价值观，并探索了怎样才能让他的生活更加贴近这些内心深处的原则。

在本书的这一部分，我将引导你完成本和我一起做的一些练习。**首先是帮助你确定自己的价值观；接着评估你目前的生活是否与这些价值观相匹配；最后，讨论你需要做哪些具体的改变来实现这一目标。**

那么，价值观到底是什么呢？价值观，简单来说，就是关于我们认为什么对自己最重要的信念。它们给予我们生活的意义和方向，是指导我们的行为准则。价值观影响着我们的态度、想法和行为，构成了我们自我认同的核心，而且我们通过它来看向世界和生活。我喜欢把价值观比作指南针。就像我们举起指南针时，它会为我们指明方向一样，价值观在我们的一生中指引我们朝着特定的方向前进。

无论我们是否意识到，我们的价值观都会影响我们的日常选择。在面临个人的重大决策，无论是选择职业道路、决定是否留在某段关系中、要不要孩子还是选择居住的城市，价值观都在背后默默地发挥作用。它也会驱使人们走上街头抗议游行、每周日去教堂、向慈善机构捐款或是支持处于困境中的朋友。价值观塑造了我们未来的走向，影响着我们的人际关系，并且对我们的幸福感有着至关重要的作用。

我们每个人都有自己的价值观。有些人可能对此十分清楚，而有些人则可能不是这样。我们可能很容易意识到诸如家庭和健康这样显而易见的价值观，但对于忠诚、优雅或简朴等不太直观的价值观，可能就没那么敏锐了。认识到自己的价值观，是帮助我们做出明智且具有个人意义的决定的第一步。

值得注意的是，价值观与目标有所不同，我们不会像完成一个目标那样真正"完成"一个价值观。以我个人为例，我非常看重创造力这一价值观（我的确如此）。无论我在人生的哪个阶段，这个价值观都将伴随着我。虽然它的重要性可能会随时间有所变化，但它始终是我生活的一部分。价值观本身不是目标，但它们帮助我们制订出有意义的目标。关于这一点，我们将在第13章进一步探讨。

价值观是"我们是谁"和"我们做什么"的核心部分。它们是我们如何选择生活的中心。注意"选择"这个词，这很重要。有时候，我们自然而然地遵循自己的价值观行事；而在其他时候，我们必须有意识地"选择"这样去做。

了解自己的价值观可以在很多方面带来帮助。它能够改善我们与他人的沟通，让我们在表达思想和观点时更加清晰和易于理解；当面对冲突或艰难抉择时，价值观帮助我们找到解决问题的方法；它们还能协助我们规划短期和长期的目标，建立深厚的友谊和稳固的关系，在建立牢固的人际基础方面至关重要。此外，价值观还帮助我们在何时妥协、何时坚守立场之间找到平衡。它们**就像过滤器一样，帮助我们集中注意力并确定优先级，关注最重要的事情。**

明确自己的价值观是非常有益的。举个例子，在医疗保健决策方面，许多人感到非常棘手。医生们受过训练，可以提供临床专业知识，同时尊重患者的请求和愿望。但很多时候，人们并不清楚自己真正重视的是什么，这就使得决策过程变得困难。研究表明，明确我们的价值观可以帮助人们在面临艰难决策时做出选择，[1] 它能够让人们在决策过程中拥有一些自主权：它帮助父母就临终儿童的姑息治疗或临终关怀做出令人心碎的决定；[2] 它帮助父母就对新生儿进行基因组测序[3] 或当胎儿被诊断出患有危及生命的疾病时[4] 做出决定。在这些最艰难的时刻，知道我们的价值观是什么，就更加重要了。

大多数人在童年和青少年时期会形成一套相对稳定的价值观体系。[5] 随着我们年龄的增长，我们对道德判断——即什么是"对"与"错"——的理解会变得更加成熟复杂。虽然价值观相对稳定且不易改变，但在我们的一生中，某些经历会促使我们反思和审视自己的价值观。我们可能会发展出新的价值观,也可能抛弃一些旧有的价值观。有时,我们的价值观在顺序或优先级上可能会发生变化。有些价值观可能终生不变,始终保持同等的重要性;而另一些情况下,生活的变化、他人的影响以及年龄的增长等,都会对我们持有的价值观产生影响。[6]

青年期是人生中最充满活力的阶段之一。在这个时期,我们会遇到许多重大的人生转变和新的社会角色,比如第一次离家独立生活、开始或结束第一段认真的恋情、做出职业选择、接受高等教育、步入职场以及结交新朋友。

对我而言,**我在二十岁时所珍视的东西,未必是我现在所看重的**。在我二十多岁的时候,友谊和休闲活动比事业更重要。而现在,情况则颠倒了过来,三十多岁的我更看重事业发展。在我二十出头的时候,我还没有意识到自己对冒险的热爱。但通过在澳大利亚内陆偏远地区的自驾游、在美国乘坐直升机穿越火焰谷、在牧场骑马以及在沙漠沙丘上滑沙板等活动,我逐渐发现自己是多么珍视冒险和新体验带来的刺激。直到经历了这些之后,我才真正明白它们对我有多重要。

生活就像过山车,充满了不断的变化,既有欢乐也有悲伤。有些生活变化是我们计划好的,而有些则是突如其来的。关系开始,关系结束。孩子出生。人们搬家,从郊区搬到城市，甚至跨国迁徙。职业生涯有进展，也有变化。我们得到新工作，也会失去工作。有些友谊开花结果，而有些则走向终结。人们会生病。有些人康复了，有些人则没有。我们庆祝新生命的到来，也为逝去的生命哀悼。

随着生活的推进，我们都不可避免地会面对疾病和死亡。这些时刻会带来重大的情感动荡，但它们也是我们的价值观受到考验并向我们反馈的重要节点。我们经常听到那些从重病中幸存下来的人说，这段经历改变了他们的人生观，特别是当他们曾经面临死亡威胁时。

无论是好的还是坏的经历，都能反映出我们的价值观和优先事项，告诉我们什么对我们来说是重要的，以及我们选择如何生活。此外，**按照我们的价值观来生活，对我们的整体幸福感有着积极的影响**。那些感觉自己实现了价值观的人，通常也会报告更高的幸福感水平。[7] 即使是简单地思考或写下我们如何实现价值观，也能让我们拥有更强的幸福感。[8]

事实上，价值观如此重要，以至于德国策展人兼文化翻译家扬·斯塔森（Jan Stassen）创建了一个专门致力于此的"博物馆"。人们被邀请向博物馆寄送一件物品，并附上一个故事，讲述这件物品对他们来说代表的重要价值观。这些物品被称为"见证和纪念物"，提醒我们什么才是真正重要的。这个过程的一部分在于将我们的价值观置于思维的前端，因为它们很容易在日常生活的忙碌中被遗忘。扬·斯塔森说："价值观是将我们团结在一起的社会黏合剂，让我们带着各自的美好差异紧密相连。"

那么，价值观与多巴胺又有什么关系呢？其实，它们并没有直接关系！而这恰恰是关键所在。基于价值观的行为，与基于追求短期多巴胺刺激的行为，二者往往是相互矛盾的。因此，这便使得考虑和讨论价值观变得尤为重要，因为**对多巴胺驱动行为的渴望，可能会使我们偏离那些有意义且符合我们价值观的活动**。当我思考如何度过一个晚上，使之既符合我的价值观又最有意义时，我不会主动选择花时间刷 TikTok。多巴胺带来的即时满足感意味着 5 分钟的滚动浏览很容易变成 50 分钟，不知不觉中我已经在网上花费了远超预期的时间！同样，我的来访者，本，一个感到沮丧和不满的年轻人，选择了用空闲时间玩游戏，而不是投身于更有意义的活动。偶尔玩游戏是有趣的，但从长远来看，它并不能帮助我们过上充实的生活。这些都是追求无节制快感如何让我们远离核心价值观，并且远离生活中更有意义的事物的例子。

在下一章中，我们将进行一个既有趣又有启发性的挑战，**以识别我们的核心价值观**。这将帮助我们从多巴胺驱动的行为或物质中抽身时，重新评估生活中的优先事项，并帮助我们做出符合充实和有意义生活的选择。

共同思考

- 生活中有哪些方面,对你个人来说是有意义和充实的?
- 想想你最近做出的一个决定。你的哪些价值观可能帮助你做出了这个决定?
- 在你的生命历程中,你的价值观可能发生了怎样的变化?
- 你能否识别出任何促使你价值观发生转变的重大生活事件?

The
Dopamine
Brain

第 9 章

找到人生的核心驱动力

现在,我们来到了最有意思的部分——至少我是这么认为的!我们要一起来探索我们的价值观。

我们将把这个过程分解为几个不同的活动。首先,我希望你进行一场头脑风暴,列出你的价值观。**思考那些对你而言真正有价值且重要的事物。**你现在是否践行这些价值观并不重要。例如,我可能重视"冒险",但实际上我的生活里并没有太多的冒险经历。这没关系!还是请你把它写下来。后面我们会有机会将其付诸实践。

头脑风暴之后,我会提供一份价值观列表,帮助你发现那些你可能还没想到的价值观(提示:当你看到这份列表时,总会发现更多的价值观——因为列表很长)。但首先要做的还是头脑风暴。所以，请准备好笔和纸，或是直接在手机上做记录，在偷看下文的列表之前，得先完成第一步。

接下来，我们将进行一个想象练习。我会引导你闭上双眼，反思生命中的某些片段。这将帮助你判断你的反思是否与你所明确的价值观相一致。

最终，你可以从你的价值观中挑选出 5~10 个最为关键的，并根据它们来制订具体目标和行动计划。

准备好了吗？让我们开始吧！

第一步：对你的价值观进行头脑风暴

下面的问题旨在帮助你明确自己的价值观。你不必回答每一个问题，只需花点儿时间静心思考，并记下那些浮现在脑海里的词。尽量使用一些概括性的词语，而不是具体的例子或行为。

- 什么对你来说很重要？
- 什么对你来说有意义？
- 你对什么充满热情？
- 当哪些话题在谈话中出现时，你会感到激动，甚至说话声音都会变大？

- 回想一下那些让你沉浸在其中、忘记时间流逝的时刻。那时你在做什么？这可能涉及什么价值观？
- 你重视周围人身上的哪些品质？
- 你努力让自己保持哪些品质？
- 当你回顾你的生活时，你最自豪的时刻是什么？那些时刻与什么价值观相关？
- 你什么时候感到最满足？

希望你已经能够列出至少五个价值观。为了确保你明确的是价值观而不是目标，请记住，价值观是没有终点的。例如，"健康"是一种价值观，而"每周健身五次"则是一个目标。我们永远不会"完成"或"实现"像"健康"这样的价值观，它将伴随我们一生。

如果你有一些对你来说特别重要的目标，可以试着反过来考虑这个问题：**是什么样的价值观在驱动着这些目标？** 比如说，如果你的目标是还清房贷，那么这个目标背后反映了哪些价值观？可能是你对"财务安全"的追求，或者是你对"财富积累"的渴望，抑或是你对"勤奋努力"和"获得成就"的认同。再比如，如果你每周健身五次，这不仅体现了你对"健康"的重视，也可能包含了你对"外貌"的关注。某些目标可能由多个价值观驱动。

如果你发现自己更容易聚焦于目标而非价值观，不妨试试反向思考，以**找出背后的核心驱动力。这样做可以帮助你设定更多与你的价值观相一致的目标。**它也可能帮助你意识到，你的一些目标实际上并没有以你的价值观为基础。

第二步：从价值观列表中选择

在下文中，你会看到一个长长的价值观列表。大多数人遇到的问题不是无法识别出足够的价值观，而是觉得有太多价值观都很重要！请尽量审慎选择。即使列表上的所有价值观都显得很重要，也不要全部选择。那样会使这个练习几乎失去意义！只需要选出那些对你来说最重要、最贴切的价值观。

尽管这个列表很长，但它并不全面。如果你在第一步中已经找到了一些不在这个列表中的价值观，不必担心，如果它们对你来说确实重要，就保留下来。有些价值观可能会非常相似，比如"坚韧"和"勇气"。**选择那个最能触动你内心的价值观即可**，如果相似的另一种表述没有增加任何不同的内容，就不需要重复选择了。

如果你已经完成了这一步骤，恭喜你！这并不是一件简单的事，往往会引发大量的自我反思。希望你现在有了一个包含多个重要价值观的列表。请记住，这些价值观不一定都是你已经在生活中践行的，而是那些在理论上对你来说非常重要的方面。

接纳	责任感	准确性	成就
适应性	冒险	利他主义	抱负
对美和卓越的欣赏		果断	吸引力
真实性	权威	自主	平衡
美	归属感	大胆	勇敢
冷静	事业	关爱	确定性
挑战	变化	慈善	公民意识
清晰	整洁	合作	舒适
承诺	共同体	同情	能力
专注	自信	联结	满足
贡献	信念	勇气	礼貌
创造力	好奇心	可靠性	决心
尊严	探索力	多样性	生态
效率	忍耐力	环境	平等
卓越	激情	公平	忠诚
名望	家庭	诚信	健美
灵活性	宽恕	坚韧	自由
友谊	乐趣	慷慨	真诚
优雅	感恩	成长	喜乐
健康	乐于助人	诚实	荣誉
希望	谦逊	幽默	想象力

改进	包容	独立	主动
内心宁静	洞察力	正直	亲密
快乐	判断	正义	善良
知识	领导力	学习	重视遗产
休闲	逻辑	爱	精通
正念	适度	自然	不从众
养育	开放	乐观	秩序
热情	耐心	爱国	毅力
多元视角	愉悦	受欢迎	传承
权力	自豪	谨慎	质量
理性	现实主义	认可	声誉
足智多谋	尊重	责任	克制
冒险精神	浪漫	安全	保障
自我接纳	自我控制	自律	自我表达
自我认知	无私	敏感	宁静
服务	性	分享	简朴
真挚	独处	精神性	自发性
体育精神	稳定	地位	管理
成功	可持续性	节制	准时
宽容	强硬	传统	安宁
旅行	可信赖	真相	理解
独特性	实用性	勇猛	胜利
美德	远见	活力	脆弱性
财富	幸福感	智慧	世界和平

第三步：想象"未来的你"

现在，让我们发挥创意，运用我们的想象力。

我非常喜欢"未来的我"这个概念。每当遇到看似无解的问题时，我就会告诉自己："那是未来的安娜斯塔西娅的问题。"有时候，未来的我会回头看看过去的我，抱怨我的缺乏条理；而有时候，未来的我会带着感激之情回顾过去。想到有一个尚未存在的自己——一个稍微年长一点儿、智慧一点儿，也希望能比现在的我更有能力的自己——这给了我很大的安慰。它让我可以把问题暂时放下，不必急于一时解决所有难题。"未来的我"这个概念也提醒我，我可以改变。更具体地说，我还有很长的路要走，还有很多未来可以期待，而且我可以选择如何生活。

现在，让我们打开想象力和创造力的大门，花点儿时间想象一下未来的自己。这不是我新发明的练习，许多心理咨询师以前都用这种方法来帮助来访者，以明确来访者的价值观和优先级。想象一下，你已经80岁了。接着，想象一个让你感到平静和满足的场景，一个宁静的地方。也许你正站在如镜的湖边，或者在海滩上聆听海浪的声音。也许是在你舒适的卧室里，或者是一个你喜欢的、充满美好回忆的地方。

现在，花点儿时间回顾你的一生，并问问自己以下几个问题：

- 你希望对自己有什么样的看法？
- 你希望对自己和你这一生有什么样的感受？
- 你希望如何对待他人并与他们互动？
- 你希望自己能如何思考和谈论自己所过的生活？
- 有没有你希望实现但还未达成的目标？这些目标是什么？
- 你希望别人如何描述你的为人和你的这一生？

花点儿时间认真思考这些问题。这些问题会帮助你深入了解那些对你来说重要的长期价值观。一旦你有所思考，就写下一些笔记。这将有助于你理解自己的价值观，以及什么对你来说是重要的。

也许你希望回首一生时能够说，"我是一个善良慷慨的人"，或者，"我在事业上取得了成功"。你可能希望自己是一个为平等、正义和人权不懈奋斗的人，致力于推动积极的社会变革；又或者，你希望对自己充满冒险和新奇的非传统生活方式感到满意；你可能想对自己的精神追求感到满足；你可能会意识到留下遗产，留下一些超越个人有限生命的东西很重要，这可能是你的著作、艺术创作，甚至是子女。在这个练习中没有对错之分，只有关于你自己的信息，以及对你来说什么是真正有意义和有价值的。你可以用这个练习来寻找额外的价值观，或是确认你已经认为重要的价值观。

顺带一提，想象自己 80 岁的样子可能会让人感到有些不安。有焦虑或回避倾向的人可能不太愿意进行这样的想象。请你注意这种不适感。它可能会引发这样的问题："如果我没有成为我希望的 80 岁老人怎么办？如果我没有过上我所期望的生活怎么办？如果我不能总是善良慷慨，职业上没有进展，或是从未留下持久的遗产怎么办？"对此我想说的是：没有人能做到百分之百的"正确"，也没有人能过上完美的生活。无论经验、年龄或智慧如何，没有人能在应对生活挑战时达到完美。总有一些事情，我们在回顾时觉得本可以做得更好、更有效，表现得更善良、更富有同情心，或是获得更成功的结果。这没关系。正如人们所说，事后诸葛亮总是看得更清楚。认识到完美生活是不可能达到的，这是一种解放思想的概念。它允许我们培养对自己和他人的同情心和理解力。不要让"害怕失败"成为这种反思的障碍。思考未来的自己和理想的生活，给了我们最好的机会去实现那个理想。我们不会做到百分之百的完美，但**如果面对并接受这些反思性问题，而不是逃避它们，我们就更有可能过上满足和充实的生活。**如果不改变，就什么都改变不了。这是深刻反思的时刻，思考我们如何做出实际改变，从而让我们有最大的概率过上真正渴望的生活。

第四步：精简我们的价值观

好了，第二步和第三步算是简单的部分！不过，这一步可能会有点儿难度（至少我的来访者们是这么说的）。在第四步中，我们要进一步精简。你的任务是尽量将你的价值观列表缩减到最多 10 个（少于 10 个也是可以的）。这些将成为你的基本核心价值观，也就是对你来说最重要的那些。它们是不可妥协的。

确定太多的价值观其实并不太有用，因为我们的精力和时间有限，能够做出的改变也是有限的。有一次，我让一位来访者把价值观列表带回家，反思后再选择其中最相关的。在下一次会谈时，他说他只划掉了大约 10 个，剩下的都觉得很重要！我们都笑了，因为很明显，要用剩下的几十个价值观来指导生活并做出有意义的改变，简直是不可能的。于是，我们又开始了进一步精简的过程。

如果我们有 20 个或更多的价值观，并试图每天都完全按照这些价值观生活，那么我们注定会感到失望。这并不是说我们要抛弃其他的价值观，而是说，从一开始就专注于少数几个核心价值观更为实用和高效。这些核心价值观很快会变成你的自然习惯，这样你就有更多的心理空间去关注其他价值观。

希望这一章能帮助你反思并确定你的核心价值观。**这些价值观将塑造你的身份。**我们还讨论了目标和抱负,并通过想象未来的自己,来了解我们最终想要的生活是什么样的。在继续阅读的过程中,请牢记这些核心价值观。它们将帮助你选择有意图的、以价值观为驱动的行动,而不是无意识的、受多巴胺驱动的行为。

共同思考

- 你是否发现了一些让你感到惊讶的价值观?
- 想想那些能带来即时满足感的活动,它们是否与你的核心价值观相符?你是否能发现任何追求短期快乐而干扰了更有意义的行动的情况?
- 你能回忆起一些你感到完全投入和满足的具体时刻吗?你所确定的价值观与那些时刻是否相符?
- 有些价值观感觉比其他价值观更重要。在你的列表中,哪些是不可妥协和最为根本的?

The
Dopamine
Brain

第 10 章

内心挣扎的根本原因

既然你已经列出了自己的核心价值观,请花点儿时间思考以下问题:

> 我的价值观是从哪里来的?它们真的代表了我内心深处的想法吗?或者仅仅是我周围的人——比如我的家人、朋友或是整个社会——告诉我应该重视的东西呢?

很多时候,我们会吸收内化周围人的价值观。这本身并不是一件坏事!向身边的朋友、家人或那些成功人士学习,了解他们认为重要的东西,以及是什么赋予了他们生活的意义和方向,这是一件很有帮助的事情。**重**

要的是，我们要弄清楚自己的价值观究竟从何而来，以确保它们真正反映了对我们而言重要的东西，而不是外界强加给我们的标准。

就拿"内卷文化"来说吧。近年来，"内卷文化"变得越来越流行，它推崇极度的努力工作和取得成功。在这种文化中，奋斗永无止境，人们不断地鞭策自己达到极限，力求做到最好。这种文化不重视休息、自我关怀、工作与生活的平衡等因素。相反地，它更重视的是效率、野心和成就。社会告诉我们，这样的态度是值得赞扬的，遵循这样一套价值观的人会因为他们的成绩而获得奖励。然而，这样的生活方式也有可能带来负面结果。"内卷文化"是职业倦怠等严重问题的重要诱因。

我的来访者贝琳达（Belinda）是一位高级投资银行家。在她职业生涯的最初几年里，她几乎把所有的时间都投入了工作。她经常加班到深夜，有时候甚至要工作到午夜才回家，然后第二天又继续这样的循环。即便是周末，她也很少有时间放松，要么是在赶工未完成的工作，要么就是在试图恢复体力。渐渐地，贝琳达发现自己越来越难入睡，即便睡着，睡眠质量也很差。此外，她希望怀上宝宝，却一直未能成功。很明显，她的工作和生活失去了平衡。

当我第一次见到贝琳达的时候，她正处于一段为期一周的病假之中,试图处理由严重抑郁症、职业倦怠以及长时间高压环境所引发的身体不适。原本计划的一周假期延长至六个月,并且她最终换了一份新的工作。贝琳达的经历就是"内卷文化"走向极端和失控的一个典型例子。无论是社会还是她的工作环境,都在不断向她灌输一个观念:只有拼命工作才能出人头地。她的雇主和导师告诉她,若想在职场上步步高升,就必须牺牲个人的休闲和睡眠时间;她的家人则期望她能继承家族传统,在金融界闯出一片天地,因为她的父亲曾经也是这个领域的佼佼者。就这样,贝琳达不知不觉间接受了这些来自四面八方的信息,认为工作和职业成就才是生活中最重要的部分,而人生成功只能通过努力工作来实现。直到后来,她才意识到这种"拼命三郎"的态度其实是一场灾难,不仅对她造成了伤害,而且根本不符合她内心深处真实的核心价值观。**她早已内化了他人——社会、她的工作场所、企业文化,甚至她的家庭的价值观,却独独忽视了自己内心的声音。**

对我来说,最令人欣喜的时刻发生在我们倒数第二次会谈时,贝琳达告诉我,她怀孕了!她和她的丈夫已经尝试了一年多,一直都没有成功。当她终于从那份压力重重的工作中抽身时,一切就自然而然地发生了。

在与来访者的最后一次会谈中,我总是会带着极大的尊重和关怀说,希望以后再也见不到他们,因为那意味着他们在生活中取得了良好的进展。不过我也会马上补充说，如果将来有任何需要，我的大门始终为他们敞开。很高兴地说，我已经好几年没有见过贝琳达了，这让我相信她作为母亲的日子过得很好，并且已经彻底摆脱了内卷文化带来的挣扎和磨难。

我们成长的文化背景以及我们认同的文化群体也会影响我们的价值观。有的文化强调个人主义，而有的文化则侧重于集体主义。在西方等个人主义盛行的社会里，自主性、独立性以及个人的利益和追求被认为是至关重要的。个人的利益和目标对于行为导向有着重要影响。而在集体主义倾向较强的社会中，凝聚力、社会依存关系以及和谐共生则显得更加重要。集体的利益和目标往往会高于个人的需要和目标。在集体主义文化中，几代人共同生活或居住得很近是很常见的，成年子女也常常在家里照料年迈的父母。相比之下，在个人主义社会中，尽管家庭支持依然重要，但独立生活和个人空间的安排更为常见，也更普遍受到推崇。

精神信仰同样是很多人价值观的重要来源。它们不仅为人们提供道德上的指导，帮助人们理解生命的意义和目标，还指导人们如何对待他人，以及指引一个追求正义、公平和个人诚信的方向。它也鼓励我们探索自我，同时赋予我们更高的生活目标。即便每个人都可以根据自身情况定义自己的精神旅程，但这个过程仍需自我反思，并考虑一些比我们自身更伟大、超越个体层面的东西。

除了种族和民族背景外，文化群体也会影响我们的价值观。实际上，一个群体的核心价值观可能就是我们最初被其吸引的原因。比如，认同艺术亚文化的人们可能非常珍视自我表达的自由。嘻哈文化推崇真实性和社会正义活动，而 emo 文化则强调情感的流露和表达。生活在乡村的人们可能更看重简朴的生活方式，农民可能特别重视土地的可持续发展。国防军人的价值观可能是坚守职责、忠诚和战友之情。

随着全球化的发展，人们在世界各地迁移已成为常态，随之而来的"文化冲击"及其伴随的价值观的碰撞变得越来越普遍。移民、移民子女、难民、外籍员工和留学生常常发现，在适应新居地的文化和价值观时感到困难。对于那些在西方国家长大，但父母来自其他地方的孩子来说，家庭价值观和社会价值观之间往往存在紧张冲突关系。调解这些冲突需要细致入微，有时还会让人质疑自己的价值观和身份认同。

这类价值观的冲突在家庭内部的小范围中也同样存在。回想一下第 8 章中的本。他对现状感到不满，部分原因是他的家庭极为重视体育成就、纪律以及传承父亲的会计师职业之路。经过一番探讨后,我们发现,某些本以为是自己价值观的部分,实际上并不是他自己的,而是他家庭的价值观。他很快意识到自己有着不同的价值观:比起自律和体育成就,他更看重自由、随性和乐趣。按照与家庭价值观一致而不是自己价值观的方式生活,使他感到沮丧和不满。**通过发掘出他真实的个人价值观,我们得以触及他内心挣扎的根本原因。**随后,我们共同努力,使他的生活选择更加契合他自己的价值观。

我们的价值观起源及其对我们个人的"真实性",构成了我们个人身份认同的一部分。接着,这些价值观又影响了我们社会同一性(即,我们的自我中,有一部分源于我们对如何适应与自己相关的社会群体的认知)的发展。[1] 美国著名的精神分析学家埃里克·埃里克森(Erik Erikson)在其关于身份认同形成和人类心理社会发展的研究中指出,大多数人一生中都会经历"同一性危机与冲突"。[2] 在这些危机中,人们努力寻找自我,试图弄清楚自己是谁,而这常常基于其社会角色和职业身份来定义。当他们评估各种目标和价值观,并接受某些而放弃另一些时,这种危机便得到了解决。通过这种方式,他们开始理解自己真正的样子。

你可以将你的身份想象成一个饼图,其中不同的部分代表着对你的自我认知至关重要的特质。这些特质通常是由价值观驱动的。当然，并非所有这些部分都是价值观，但如果它们足够重要，以至于能够构成你身份的一部分（并在这个饼图中占据一席之地），那么它们很可能反映了你的价值观。

例如，我是希腊后裔，所以在我的身份饼图中，来自对希腊文化的传承占有一席之地，这与我非常重视的文化价值观紧密相连。我的饼图中的其他部分还包括作为一个女儿（价值观＝家庭）、一个朋友（价值观＝联结）、一个心理学家（价值观＝帮助他人）、一个音乐家（价值观＝音乐创造力）和一个旅行者（价值观＝新体验/冒险）的身份认同。身份认同的组成部分反映了我所秉持的价值观。

在本章中，我提供了许多受他人、群体、文化或社会影响的价值观的例子。**重要的是确保你的价值观真正属于你自己，而不是仅仅因为你受到了他人的影响而采纳**。思考哪些价值观对你个人来说是真正有意义的。你可能会发现，有些价值观是从家庭或文化中传承下来的。如果你确实很欣赏这些价值观，那就太好了！我们只需要让你更加意识到更广阔的社会背景，以确保你选择的价值观真正适合你自己。

共同思考

- 你的核心价值观是从哪里来的?
- 你的家庭环境、成长经历、文化背景以及所在社区或社会,对你的价值观产生了什么样的影响?
- 你与周围人是否有相似的价值观?你们共享的价值观是否有助于加强你们之间的关系?
- 你是否曾因价值观不同而在某段关系中经历过冲突或困难?
- 你的身份饼图中包含哪些部分?你会怎么向一个从未见过你的人介绍自己?你身份的这些部分反映了哪些价值观?

The
Dopamine
Brain

第 11 章

克服障碍

到目前为止,希望你已经列出了一份真正属于自己的核心价值观列表。然而,这只是一个开始,我们还有更多工作要做!仅仅识别出这些价值观还不足以让生活变得充实。知易行难,下一步需要我们进行深刻的自我反省,看看自己的生活方式是否真的与这些核心价值观保持一致。

大多数人都在**努力寻找日常生活中享乐与目标之间的平衡点**,因此有改进的空间是正常的。事实上,我们不可能每时每刻都做到百分之百的完美。虽然听起来有点老套,但人生是旷野,它需要我们不断地反思和调整,看到更多的方向和可能,而不是一成不变,故步自封。通过反思,我们可以更好地认识自己的思想、情感、信念、行为和选择,从而使我们的决策和行动更加具有自我意识。反思还能帮助我们明确目标和优先事项,增强自我认同感,并建立更有意义的人际关系。此外,它使我们能够做出选择,仔细平衡自己的需求与他人的需求。

心理学家莫妮卡·阿尔德尔特(Monika Ardelt)和萨宾娜·格伦瓦尔德(Sabine Grunwald)指出,自我反思能够增进我们对自己、他人及世界的认识和开放性。它促进了个人成长和个人转变,最终有利于建设一个更好的社会。[1] 因此,我们的反思能力不仅对我们个人至关重要,还影响整个世界的发展!我们都有个人成长的空间,而结构化的反思使我们能够确定在哪里可以做出真正有意义的改变。

我们可以通过审视日常行为,来检验自己的价值观与实际行动是否一致。很多人认为,要做出有意义的改变就必须采取某种重大行动,但实际上,最可持续和最成功的改变,往往是通过小而持续的行为调整来实现的。人们有时会无意中偏离了自己的价值观,这可能是由于社会期望、外界压力,或者仅仅是日常生活的喧嚣所致。价值观并不是时时刻刻都在我们心中占据首位。**定期停下来,评估我们的行为是否与价值观相符,是非常重要的一步。**

为了帮助你判断自己是更倾向于追求享乐还是追求目标,这里有一系列问题供你思考。对于每个价值观,请你先问问自己：

> 在大多数情况下，我是否都按照这一价值观生活？

答案可能不像"是"或"否"那么简单。它可能是"当我和某些人在一起时是，和其他人在一起时则不是"，或者"是，但只有当我记得的时候"，又或者"不完全是，因为我太忙了"。

反思的第二部分需要你问自己这个关键问题：

> 什么因素可能阻碍我始终如一地按照这一价值观生活？

同样，这也不是一个可以直接回答的简单问题。可能有很多因素会妨碍你按照自己的价值观行事，比如时间不够、精力有限、经济条件或是精神状态不佳。你可能会忘记某个特定的价值观或与之相关的行为，尤其是当它不在你思想的最首要位置时。例如，如果你周围总是有家人，那么家庭的价值可能很容易记住并付诸行动，而如果你每周五天都被困在办公室里，那么户外探险的价值可能更容易被忘记！

有时候，阻碍你践行价值观的原因可能是更深层次的。**也许你在逃避某些价值观，因为它们让你想起了生命**

中痛苦或艰难的时刻。我记得曾有一位老太太，她一生都在教堂做礼拜，但因为丈夫的葬礼给她带来的痛苦回忆，她停止了去教堂。她内心充满矛盾，对她而言，教堂和信仰依然非常重要，但那些回忆太过于沉重，总会勾起许多复杂的情绪。同样的情况也发生在一些重视人际关系却遭受过巨大伤害的人身上。尽管他们渴望拥有浪漫的爱情，却因害怕再次受伤而避免再去社交或尝试建立深入的情感联系。一个人可能对自己的职业感到不满，但因为觉得改变太难，而宁愿选择原地不动。

你的思维方式和信念也可能阻碍你按照价值观行事。例如，你可能非常看重事业成就，却认为自己"不够优秀"，所以注定会失败。这样的想法可能会让你止步不前，不敢追求与你的价值观相匹配的目标。由于担心失败，你可能不会申请某个职位或晋升。或者，你重视健康，却对自己说，"我没有足够的毅力定期锻炼"，或是"我家有遗传病史，锻炼也没有多大意义"。又或者是你看重社群，但感觉自己是个"局外人"，总是难以融入，从而阻碍了你参与社群活动和建立联系，反而进一步强化了自己不合群的想法。也就是说，这种自我设限往往会导致一种负面循环。

另一个常见的障碍是，我们生活中有很多重要的事情。要在所有这些事情上保持一致的时间、精力、能量和资源分配是非常困难的。实际上，有时为了践行一个特定的价值观，我们可能不得不减少其他方面的投入。如果我重视慈善事业，并想每月抽出时间在当地的食物银行做志愿者，那我可能就得牺牲与朋友或家人相聚的时间，或者我原本可以用来锻炼或工作的时间。毕竟，一天只有 24 小时，我们的精力也是有限的。有时，专注于某一价值观，就意味着要牺牲另一个。这也是为什么从明确自己的价值观到真正改变行为的过程中充满挑战——我们需要不断地寻找平衡点。

当我们专注于有意义的价值观时，也需要确保生活中有一些轻松愉快的时光。 因此，我鼓励你只选择 5~10 个价值观来关注（至少一开始是这样）。如果你从前一章的列表中选择了 20 个价值观，那么你可能会发现，要同时实现所有这些改变几乎是不可能的任务，这很容易让人感到挫败和无力，最终导致放弃！请记住，能够持之以恒的小改变，就是最好的进步。

还记得第 8 章中提到的本吗？那个因为未能按照价值观生活而感到抑郁的年轻人。他确定了自己最重要的五个价值观，无特定顺序排列，分别为：自主性和乐趣、家庭、冒险、创造力以及善良。然后，我们采用了两个问题的方式来检验，他的日常生活是否体现了这些价值观。

对于"家庭"这一价值观：

> "在大多数情况下,我是否都按照这一价值观生活?"

本同意说,在大多数情况下,他的生活是与重视家庭这一价值观相一致的。

> "什么因素可能阻碍我始终如一地按照这一价值观生活?"

本意识到,有时家庭成员给他的压力会影响他想要与家人共度时光的心情。再加上大学里繁重的学业负担,使得他在精神上或情绪上难以回馈家人足够的关心和支持。

接下来,我们讨论了"创造力"这一价值观:

> "在大多数情况下,我是否都按照这一价值观生活?"

本的回答是,他并没有做任何有创造力的事情。他之前曾和最好的朋友一起组过乐队,但一年前朋友移居海外后,乐队就解散了。

> "什么因素可能阻碍我始终如一地按照这一价值观生活?"

本发现,当他弹奏音乐时,有时会触碰到内心深处的情感,从而引发一些不愉快的情绪。尽管他热爱音乐,但音乐让他与自己的感情紧密相连。为了逃避这些感受,他会花费大量时间玩游戏,好让自己"置身事外"。好友的离开令他感到难过,自此之后,他感到越来越孤独。归根结底,这些不愉快的情感成了本演奏音乐或发挥创造力的障碍。

音乐创造力是我生活中一直追求的价值观之一,但我的困境与本不同。我从三岁起就开始学钢琴(妈妈认为反正我没有更好的事情可做,不如开始学钢琴)。上学的时候,我还学了小提琴和中提琴,还有声乐、吉他和长笛。甚至有一段时间,因为学校有着苏格兰背景,我还学了风笛。我参加了很多合唱团和管弦乐团,每次有机会表演都会积极参加。站在舞台上的那种兴奋感让我难以忘怀。随着年龄增长,当我投入临床心理学的学习和职业生涯中时,我发现越来越难以像以前那样频繁地演奏音乐。对我而言,现在的障碍不仅在于生活忙碌,更在于它变得非常结构化。我的很多研究工作都是分析性和科学性的,我发现,如果自己想要进行创造性的音乐活动,还得特意挤出点儿时间才有可能。

我的解决办法是保持与音乐家朋友们的联系,并尽可能找机会与他们一起演奏。我不再局限于古典音乐,而是尝试了多种不同的音乐类型。我的许多朋友都是乡村音乐人，这让我有机会时不时地在演出中演奏一些欢快的乡村曲调，真是乐趣无穷！我会去听音乐会和现场表演，这也让我觉得自己与音乐创造力的价值观紧密相连。我在日常工作中特别关注与音乐行业的人合作，这使我能够在澳大利亚各地的音乐节和活动中提供心理健康支持。**只有当我们清楚地认识到这些障碍是什么时，才能够有效地克服它们。**我意识到，音乐创造力的价值观不再自然地融入我的生活，所以我必须主动寻找方法，让它重新成为我生活的一部分。

如果你对第一个问题"在大多数情况下，我是否都按照这一价值观生活"的回答是"是的"，那就太棒了！请继续坚持下去，因为你显然已经找到了适合自己的方式。但如果你的回答是"不是"或"不如我希望得那么多"，那么我们就需要做一些调整。

共同思考

- 在按照你的价值观生活的过程中，你遇到了哪些挑战或障碍？
- 你识别出的障碍是内在的还是外在的？是否有某些信念或困难情绪阻碍了你完全践行自己的价值观？
- 当你的行为与价值观不一致时，你有什么感受？
- 你能否回想起一些时候，自我反思帮助你建立了自我意识？自我反思是否有助于你明确自己的目标？

The
Dopamine
Brain

第 12 章

在人生岔路口做出抉择

人生的每一个时刻，我们都需要做出选择。事实上，生活就是由一系列大大小小的选择构成的。我们无法控制一切，但确实有很多事情是我们可以掌控的。每天早晨闹钟一响，我们得决定是按下贪睡按钮再多躺一会儿，还是立刻起床开始新的一天。早餐吃什么、穿什么衣服出门、是走楼梯还是搭电梯去办公室……这些都是日常生活中需要做出的小决定。有些选择影响不大，但有些选择会对我们的生活轨迹产生深远的影响，甚至彻底改变我们的生活。例如，是否辞职换工作、是否再尝试一轮生育治疗、是否步入婚姻殿堂、是否签署离婚协议，或者是否接受重大医疗手术，这些决定都会极大地影响我们的人生旅途。

许多杰出的思想家都曾讨论过选择的重要性。亚里士多德（Aristotle）曾说："决定我们品格的是我们在善与恶之间所做的选择，而不是我们对善恶的看法。"他还强调，是我们的"选择"，而非"机遇"，决定了我们的命运（我个人对此持部分赞同态度）。瑞士心理学家卡尔·荣格（Carl Jung）也有过这样的表述："定义我的不是我的过去，而是我选择的未来。"自由意志论者认为，人类有完全的自主权来做出自己的决定；决定论者则指出，人类行为仅仅是作用于我们的内部力量和外部力量的结果。就连J.K.罗琳（J. K. Rowling）在《哈利·波特》（*Harry Potter*）系列小说中，也对这个问题有所阐述——邓布利多（Dumbledore）曾对哈利说：**"决定我们成为什么样人的，不是我们的能力，而是我们的选择。"**

此外，我们不要忘记选择的核心悖论，即拥有太多选择可能会让我们感到压力、不满，或陷入"决策瘫痪"（decision paralysis）的状态，最终什么都选不出来。你是否曾去过一家菜单上菜品太多的餐厅？这会让我们很难决定自己想吃什么。再比如，在当今流行的约会软件中，人们似乎可以有海量的潜在伴侣可供挑选。虽然一开始看起来拥有无限可能令人兴奋，但很快人们就会因为选择太多而满意度降低，进而导致决策瘫痪，陷入不断寻找"更好"对象——可能是人，也可能是物——的循环当中。

选择同样赋予了我们力量。即便是在觉得无路可走的时候，实际上我们仍有机会做出选择。如果我们误以为自己别无选择，或是对自己做决定的能力缺乏信心，那么很可能就会停滞不前。事实上，生活中确实存在着许多超出个人控制范围的因素，我们所能做的，只有接受罢了。比如天气就是一个很好的例子，无论我多么努力，都无法让第二天从阴转晴；死亡是另一个我无法控制、只能接受的方面。总有一天我会死去，这是我无法逃避的现实；我们无法更改已经发生的历史，也无法完全预测未来的走向；我们不能改变别人的想法和行为（尽管有时我真的很想这么做）。这些都是我无法控制的事情。

但是，我们可以控制自己的言行举止、所作所为，我可以选择我的思想、信念和行动。我不能控制天气变化，但如果预报说会下雨，我可以选择随身携带雨伞；我无法阻止生命的终点到来，却可以通过珍惜当下让每一天都过得有意义；我无法改变过往，但可以调整自己对待往事的态度；未来充满变数，但我可以通过每日的选择，来引导生活的方向；即便不能直接改变他人，我也可以选择如何应对他们的行为。

以上提到的概念，在哲学上被称为"接受与改变"的辩证关系。辩证关系描述的是两种看似矛盾但实际上可以同时成立的现象。这种思想源于古代希腊哲学，是一种推理或辩论的形式，通过考虑对立的或冲突的观点来发现真理。举个例子，我可以身处人群之中，却感到完全的孤独。这两种情境表面上看是对立的，但实际上在同一时刻都可以真实存在。另一个例子是"苦乐参半"的经历，即既快乐又悲伤。接受与改变也同样遵循这一原则。在任何给定的情况下（且我还没有发现不适用的情况），都存在我们能够控制并改变的因素，同时也存在我们无法控制且必须接受的因素。

"接受与改变"辩证关系的核心思想在著名的《宁静祷文》（*Serenity Prayer*）中也有体现。这段祷文据说是美国神学家莱因霍尔德·尼布尔（Reinhold Niebuhr）在20世纪30年代所著，作为一篇更长祷文的结尾，后来被匿名戒酒互助会及其他"十二步骤"康复计划广泛采用。祷文这样写道："请赐我宁静，去接受我不能改变的一切；赐我勇气，去改变我所能改变的一切；并赐我智慧，去分辨两者的不同。"这正是"接受与改变"辩证法的核心：我们需要接受那些无法控制的事物，并在我们能够控制的领域努力做出改变，同时理解这两者之间的区别。

不要错误地认为"接受"等同于"赞同"。人们有时会陷入一种观念，认为接受某件事就意味着赞同它。然而，接受并不等于赞同。用现代的话来说，接受是承认"事情就是那样"。我未必喜欢它、赞美它或同意它的存在，但我无法改变它。例如，我不喜欢今天早上上班路上遇到的交通拥堵。事实上，我觉得这既令人沮丧又不便，但我必须接受这一事实，因为我无法改变道路拥挤的现状。又例如，我可能并不赞同某个选举的结果，但由于我无法改变它，我只能被迫接受。接受仅仅是我承认某件事超出了我的控制范围。

那么，为什么本章要关注选择和控制呢？因为每天，我们都有机会做出选择。在心理学上，我们称之为"选择点"，它是"接纳与承诺疗法"的一个重要概念。[1]**"选择点"**指的是一个关键时刻，在这个时间点上，你可以选择一种符合你价值观的行为，也可以选择一种背离你价值观的行为。自然，我们都想选择前者！为什么呢？因为选择一种符合你价值观的行为会让你朝着成为你想成为的人的方向前进，并过上你渴望的充实生活。我喜欢把选择点想象成人生路上的一个岔路口。你有两条路径可以选择。这个比喻让我们在面对某种特定情境时，能够先停下来思考自己的价值观，然后再做出反应。这种暂停为我们创造了自我觉察的空间，并允许人们选择与自己的深层价值观和长期目标相符的行为。

现在，这可能看起来不言而喻，但实际上，我们很容易偏离自己的价值观！朝着价值观前进需要自主和刻意的努力，而偏离则可能是由于我们迅速且容易养成的自动习惯。**考虑一下什么可能会让你偏离你的价值观**（很可能是我们之前讨论过的那些与多巴胺相关的活动或行为）。生活中充满了困难的情况，我们都会经历无益的想法和不愉快的情绪。无论是内心的体验还是外在的影响，都可能让我们难以持续选择正确的道路。而有时候，我们可能根本就不想走那条正确的路。比如，我知道诊所楼下咖啡馆里那些美味的糖霜甜甜圈对我的健康不利，它们并不符合我重视健康的这一核心价值观。然而，我还是吃了！我选择为了享乐而偏离我的价值观——偶尔这样也没关系。关键是平衡和适度。只有当我失去了对自己选择的意识，自动走上"甜甜圈之路"且过度沉迷时，这才成为一个问题。

所以，**请记住，每一刻都是一个选择点**。你选择了打开这本书，并且现在选择继续阅读（我希望真的如此）。思考一下支撑这些行为的价值观是什么。也许是你珍视自我反思和心理健康；也许是你珍视有始有终，不喜欢半途而废；又或者，也许是你珍视知识。

正如我所说，我们不断地在做选择——有些微不足道，有些则意义重大——但这些选择加在一起，构成了我们80岁回首往事时所看到的生活。我们想要确保自己在那一刻，能够有意识地做出决定，这些决定将带来令人满意和值得回忆的反思。选择是好事，它们赋予我们自主的力量，并帮助我们保持对能够改变的事物的控制感。

在下一章中,我们将更深入地探讨一些"前进之举",即那些引领我们走向充实之路的行动和行为。虽然我们了解我们的价值观,但我们还需要了解支撑这些价值观的目标和行为。

> **共同思考**
>
> - 反思你生活中最近遇到的一个"选择点"情境。你是如何决定走哪条路的?
> - 想一个你必须接受某件无法控制且无法改变的事情的情境。你是如何应对这个过程的?
> - 回忆一下你来到一个岔路口并自动走上熟悉、习惯的道路的时候。什么因素会帮助你停下来考虑选择?如果你停下来反思自己的价值观,结果可能会有何不同?
> - 考虑接受与改变的"辩证关系"。你是否遇到过必须同时接受某些方面并做出额外改变的情况?

The
Dopamine
Brain

第13章

提升生活中的满足感

在这一章里,我们将开始关注改变。到目前为止,我们已经识别并明确了自己个人的核心价值观,将它们精简至少数几个重点,并反思了我们在实际生活中是否正在积极践行这些价值观。现在,我们将更进一步,从"概念性"转向"实践性"。

遗憾的是,仅仅清楚自己的价值观还不足以带来改变。有人可能对自己的价值观和优先级有着清晰的认识,但在实际行动中却南辕北辙。**如果我们的行为与内心的价值观脱节,就容易产生不满。**更严重时,还可能引发心理健康问题。在面临重要抉择时,我们会犹豫不决,常常陷入无尽的纠结与反思之中,对自己的选择始终缺乏信心。

举个例子，我知道我追求的是冒险精神，但我还需要将其付诸实践。不过，冒险对我来说到底意味着什么呢？是不是说我就该卖掉所有家具，背起行囊去欧洲流浪？不，对别人来说可能是这样！但对我而言，真正的冒险是探索未知的地方、走进大自然深处、自驾游历荒野，还有体验不同文化的风情、美景和美食。对其他人来说，冒险或许意味着蹦极、跳伞、攀登珠穆朗玛峰，甚至是买张维珍银河飞船票，乘坐宇宙飞船遨游太空！除非我明确"冒险"在实际中意味着什么，否则我无法过上与之相符的生活。别人的定义并不能套用在我身上。如果让我高空跳伞或飞向太空，只会让我感到紧张不安。同样，对于那些寻求极限刺激的人来说，周末开车穿过宁静的乡间小路，也许根本谈不上什么冒险。而这些，都是因人而异的事情。

这听起来可能很简单，但当你仔细思考时，价值观的实现对于每个人来说总是意味着不同的事情。以家庭为例，对一些人来说，每周日探望家人就是一种体现家庭价值观的生活方式；而对另外一些人来说，这可能是照料年迈的双亲。还有人通过财务援助来支持家庭成员，也有人则认为保持亲密的情感纽带、共享喜怒哀乐才是关键所在。

再来谈谈"诚实"这一价值观。究竟怎样才算是诚实呢？仅仅是不说谎吗？还是勇于承认错误？抑或是对自己的行为和意图保持透明和开放？如果真是如此，那在何种情境下、以多大的频率来实践呢？诚实是否还包括信守承诺？又或者是以最真挚的态度表达自我？如果是这样的话，那是应该面向所有人，还是仅限于特定的人群？在社交媒体上呢？当别人问候你近况如何，而你即便心情不佳也习惯性地说"挺好的，谢谢"，这算不算一种不诚实呢？对于这些问题，我没有统一的答案。关键在于"诚实"对你个人意味着什么。这也是为何定义每个价值观至关重要——唯有如此，我们才能确切地知道自己是否在与之保持一致地行事。

归根结底，**当我们所做的一切都能与内心的价值观保持一致时，我们才会感到真正的满足。**这意味着我们每天都要为自己做出选择，这些选择能够满足我们所珍视的一些或全部价值观。要做到这一点，我们需要基于前面章节中的工作继续前行。希望在第 9 章中，你能够确定并将自己的价值观缩减到 10 个或更少。在第 11 章中，你能够评估自己在日常生活中是否与这些价值观保持一致。现在，请考虑以下 4 个关键问题：

（1）我的价值观是什么？
（2）在大多数情况下，我是否都在按照这一价值观生活？是什么阻碍了我始终如一地按照这一价值观生活？

> （3）我目前有哪些行为与按照这一价值观生活保持一致？
> （4）哪些额外的行为可以帮助我更加一致地按照自己的价值观生活？

为了让大家有更直观的感受，我没有提供虚构的例子，而是邀请了两位来访者来回答这些问题。下面让我们听听他们怎么说。

克里斯蒂安，43岁

1. 我的价值观是什么？

家庭。

2. 在大多数情况下，我是否都在按照这一价值观生活？是什么阻碍了我始终如一地按照这一价值观生活？

大多数时候是的，但工作繁忙、疲劳，有时甚至会忘记将家庭放在首位，或是把家人的付出视为理所当然，这些都会影响我按照这一价值观生活。

3. 我目前有哪些行为与按照这一价值观保持一致？

每周日与家人共进午餐，定期通过短信和电话与父母保持联系，有时会帮忙照看妹妹的孩子，有时会为家人做饭，还会帮忙修理家中可能需要维修的东西。

4. 哪些额外的行为可以帮助我更加一致地按照自

己的价值观生活？

帮父亲修理我之前说要做但一直没做的家中物品，把奶奶的食谱整理成一本书，分发给所有的子女和孙子孙女，今年为妈妈的生日组织一场盛大的家庭聚餐。

亚当，29岁

1. 我的价值观是什么？

创造力。

2. 在大多数情况下，我是否都在按照这一价值观生活？是什么阻碍了我始终如一地按照这一价值观生活？

并不真正如此。目前，创造力似乎并没有自然地融入我的生活。我的生活很有规律，工作也偏重于分析，这意味着很少有轻松允许创造力发挥的时刻，我需要主动安排并留出时间进行创造性活动。

3. 我目前有哪些行为与按照这一价值观生活保持一致？

我有一个素描本，里面记录了一些随笔和涂鸦，但没有特别认真地进行创作。

4. 哪些额外的行为可以帮助我更加一致地按照自己的价值观生活？

报名参加一些课程，如烹饪、陶艺、摄影或美术，甚至可以邀请朋友一起参加。我可以买一些颜料和画布，或者甚至从"数字涂色"活动开始。我小时候学过吉他，现在也可以重新开始弹。把它放在显眼的地方，提醒自己下班后抽空弹一弹。

当我在思考是什么阻碍了我们按照自己的价值观生活，以及我们可以采取哪些行为来纠正时，我想到了我的好朋友、神经科学家塔尼娅·达克沃思（Tanya Duckworth）。近年来，塔尼娅和我因科学研究和学术生活而结下了不解之缘。尽管塔尼娅面临着一些严重的健康问题，但她依然过着丰富而有意义的生活。我向她请教了她是如何在面对巨大健康挑战的同时，仍然坚持自己的价值观。她非常慷慨地分享了她的想法，并对上面提到的四个问题进行了深刻的反思。

塔尼娅，44 岁。

1. 我的价值观是什么？

一份既富有意义又充满趣味的职业。

2. 在大多数情况下，我是否都在按照这一价值观生活？是什么阻碍了我始终如一地按照这一价值观生活？

是的，尽管长期与子宫内膜异位症、创伤后应激障碍及其他健康问题做斗争，时常让我难以正常发挥功能。

3. 我目前有哪些行为与按照这一价值观生活保持一致？

我非常重视灵活变通与自我调适。面对健康挑战时，我总是得根据自身情况做出相应调整。在身体状态较好或是手术恢复期（如果运气好的话，甚至能延续更长时间），我会尽可能地把握住这段时间，全心投入生活中去。比如，我会专注于我的博士研究项目、参加社交活动、享受户外时光，或是投身于诸如弹奏钢琴或吉他、绘画等创造性活动中。

为了更好地平衡工作与生活，我选择了兼职形式的工作，以便能够灵活安排工作日程。此外，我还会寻找可以居家办公的工作和学习机会。我能够坚持不懈地面对困难，很大程度上得益于创造性的问题解决能力——这也是我的博士学位研究的一个重要部分。如果不是因为内心深处希望借助自己作为创伤后应激障碍患者的经历来为他人带去积极影响，也许我早就放弃了对神经科学和创造力的热情。每当身体状况有所好转时，我都会抓住每一分每一秒，让生命绽放光彩。

4. 哪些额外的行为可以帮助我更加一致地按照自己的价值观生活？

近来，随着我的疾病复发，症状加重，我一直在思考这个问题。显然，原先设想中那种可以自由穿梭世界各地、在不同城市开展科研工作的理想生活似乎已变得遥不可及。尽管如此，我还是深爱着我现在所从事的工作。然而，现实的身体条件加上现有治疗手段的局限性，使得我很难实现前往海外从事激动人心的博士后研究。鉴于此，我必须重新审视未来的职业道路，寻找既能满足个人兴趣又能体现自身价值的新方向。灵活应对与创新思维仍然是关键。我正在考虑转向科学写作领域，或者创办一家可以在家中经营的小型医疗服务机构，这依然致力于为他人提供支持，特别是针对子宫内膜异位症和创伤后应激障碍患者群体。同时，通过社交媒体平台与来自全球各地的研究者们保持密切交流，也是维持与专业领域紧密联系的好方法之一。

与我们的价值观保持一致的行为本身未必能让我们每时每刻都感到快乐，但它们确实能为我们的生活带来更宏观、更深层次的满足感。

几年前，我曾辅导过一位19岁的小伙子，瑞安（Ryan）。他住在家里，并把家庭视为核心价值观。他想更多地按照这一价值观生活，于是决定在家里帮忙。他给自己定下了更经常洗碗的任务。我清楚地记得他告诉我："这并不会让我感到快乐，我当然也不喜欢做这件事。但我确实对自己以及与家人的关系感觉更好了。我住在家里，这是我能做出贡献和表达感激的一种方式。"

这是说明价值观驱动的行为与仅仅给我们带来多巴胺刺激的行为和活动之间的不同的一个很好例证。我怀疑瑞安在洗碗时并没有产生多巴胺，但他的整体自我认同和生活满足感得到了提升。

有些价值观比较容易体现在日常行为中，而有些则需要动动脑筋。比如灵活性的价值观，我们要怎样才能在生活中实践它呢？或许你可以每周留出一点儿时间，来尝试从不同的角度看待问题，或者为手头的任务寻找新的解决办法。学习一项新技能也是个不错的选择。有时，打破常规的日程安排，或者偶尔让周末计划随性而定，也是一种展现灵活性的方式。正念练习也非常有用（稍后我们会详细讨论）。归根结底，就是我们应当能够更加灵活地对待自己的想法、情绪和经历。

在思考哪些行为可以帮助你按照自己的价值观生活时，不妨从小事做起。虽然通过预订一个为期六周的海外假期来满足冒险和旅行的价值观很棒，但对于我们大多数人来说，这并不是经常能做的事情，我们也不想等上好几年才能实现这一价值观！当然，我们可以在旅游网站上花时间规划去哪里、看什么，但还有没有其他行动，可以让我们更经常地与这一价值观保持一致呢？也许我们可以利用长周末开车去附近几个小时车程外的小镇游玩；也许我们可以在圣诞节或复活节拜访外地的家人或朋友；也许现在是时候去当地的国家公园露营了。听说过树顶探险吗？它们基本上是在高高的树上设置的由绳索和滑索组成的障碍赛道。工作人员会给你系上安全带，然后你就可以出发了！我还没去过，但它在我的待办事项列表中，可能是实现我的冒险价值观的一个相对容易的方式。

对很多人来说，成就的价值观很重要。我当然很期待看到我的书最终出现在书架上的那一刻所带来的成就感！不过，这样里程碑式的重大成就毕竟是少数。为了让成就的价值更加频繁地体现在生活中，我的一位同事每个周五都会邀请大家回顾自己的"每周胜利"，这些"胜利"无论大小，可以是任何事情，这种回顾有助于我们与成就的价值观保持一致。我也会鼓励来访者认真思考让他们自豪的事情——哪怕是很微小的进步也值得庆祝，因为点滴积累起来，就是巨大的成就。

你还记得本吗？那个抑郁、不满、通过沉迷电子游戏逃避现实生活的大学生。本不仅刻苦训练长跑，还努力学习会计，准备将来从父亲手上接管家族企业。自从乐队伙伴移居海外后，他便不再弹吉他，转而把大量时间花在了游戏上。后来本意识到，他的生活方式与他的价值观并不一致。他过于注重家庭所看重的勤奋工作、财务稳定和体育成绩，却忽视了自己内心真正追求的强调创造力、自由、乐趣和自主性的个人价值观。

对于本的情况，我并没有建议他退学，并买张单程票去阿拉斯加远行。事实上，如果他真的想这么做，我反而会劝阻他不要做出这么冲动的决定。相反，我帮助他弄清楚，在当下，过一种充满创造力、自由、乐趣和自主性的生活可能是什么样的。我们一起探讨了如何做出一些小调整，使他在继续学业和运动的同时也能获得更多满足感。再次强调，这都是关于平衡的问题。

他决定暂停几个月的长跑训练，以换取"多睡几个懒觉"，不必再像之前那样经常在早上上课前就得早起训练。热爱运动的他转而加入了学校的篮球队，既锻炼了身体，也结交了新朋友。他还计划在暑假时和一位朋友去黄金海岸进行为期一周的冲浪旅行。这些小小的改变，让本重新找回了对户外活动的热爱，这仍然是他身份的重要组成部分，同时也使他的生活与乐趣和自由的价值观保持一致。

本继续完成学业，尽管他还并不能完全确定自己究竟想要做些什么，但他已经有了新的自由，开始探索其他可能感兴趣的职业路径。他约见了一位职业规划顾问，讨论了学习可以为他带来的不同发展方向。他还重新拾起了吉他，与昔日的音乐伙伴们重聚。每隔几周，他们就会聚在一起即兴演奏，还谈到了在当地的场地演出的事情。这些举动不仅充实了他的生活，也让他对自主性和创造力的价值观得到了更好的体现。

最后，我和本讨论了如何减少他花在电子游戏上的时间，他对此表示完全赞同。我们谈到了一些策略，将在第三部分详细介绍。不过，随着时间推移，他自然而然地减少了沉浸在那个世界中的欲望。如今，**本的生活变得更加丰富多彩，不再需要依赖虚拟世界来逃避现实。**

希望你现在对自己那些赋予生活意义和满足感的核心价值观有了更深的理解，同时也清楚了为了践行这些价值观所需的具体行动。前几章中的共同思考练习为你设定一些实际且行为导向的目标奠定了基础。如果你希望进一步进行思考，可以尝试"意识流"日记法：拿起笔和纸，随心所欲地写下脑海中的任何想法。不必在意语法、结构或风格，只需尽情书写！最后，你可能会对自己写下的内容感到大吃一惊。

那么，如何记住自己的价值观，并确保自己始终朝着这些价值观努力呢？你需要不断提醒自己，这些价值观是什么。将它们写在一张纸上，放在床头柜上，或者在手机里设置提醒，都是不错的方法。有些人还会制作"价值观愿景板"。另外，找一个"责任伙伴"也很有帮助，你们可以互相分享价值观，并定期检查对方的进展。我曾经辅导过的一位来访者，她每天早上都会更换手机主屏幕的壁纸，以此来提醒自己当天的重点。

知道自己的价值观只是第一步。接下来的关键步骤是要将这些价值观转化为塑造你日常生活的具体行动。当你进入第三部分时，请随时准备好你的价值观和行动目标。我们将探讨如何调节那些由多巴胺驱动的行为，以确保我们走在一条由价值观引领的道路上。

共同思考

- 在阅读本章之前，你对自己所做的选择和行动，以及它们与价值观的一致程度有过多深入的思考？
- 有时，一个目标可能涵盖多个价值观。你是否有一些行动或目标想要实现，而这些行动或目标与多个价值观相一致？如果有的话，是哪些呢？
- 当你在设定与价值观相符的目标的道路上不断前进时，你可以采取哪些实际步骤来确保这些目标成为你日常生活的组成部分，而不是遥不可及的愿望？
- 你如何记住自己设定的目标，并记得按照这些目标去行动呢？是否有任何策略或提醒方式对你有用？

第二部分 建立行为控制

The Dopamine Brain

如何远离由多巴胺驱动的不良行为？如何管理戒断时的渴望、冲动以及不适感？如何用符合个人价值观的行动来替代那些不良行为？

恭喜你，终于来到了本书的第三部分，希望你现在已经准备好迎接一些实际的改变了！在本书的最后一部分里，我会一步步引导你，帮助你暂时远离那些由多巴胺驱动的行为。当你这么做时，难免会遇到渴望和冲动，这是正常的，也是可以预料的。但别担心，我们会探讨一系列已被证明有效的心理策略，帮助你管理这些不适感。我们还会一起看看如何用符合个人价值观的行动来替代那些多巴胺驱动的行为。最后，我们将回顾你取得的进步，并讨论接下来该怎么做。是的，你又将面临一个选择：你可以将多巴胺驱动的行为搁置一旁，也可以尝试着以一种更加可控的方式来重新接纳它。这次，选择权完全掌握在你自己手中。

The
Dopamine
Brain

第 14 章

重塑大脑神经通路

1949年，加拿大精神科医生和精神分析学家唐纳德·赫布（Donald Hebb）提出了一个著名观点："一起放电的神经元会连接在一起。"[1] 这句话有点儿像"物以类聚"的说法，但是是在大脑的化学层面上成立的！

赫布的意思是说，**每当我们练习一个新的行为时，大脑中就会形成一条新的神经连接或通路。我们重复这一行为的次数越多，这条通路就越牢固。**每次我们以某种方式思考、执行特定任务或感受到某种情绪时，这条通路都会变得更加强大。这就是我们所说的"赫布式学习"。

大脑中的神经通路越强，下次执行该行为时就越容易、越快捷。这就好比在宽阔的六车道高速公路上飞驰，与在荒野中艰难跋涉的体验是截然不同的。在高速公路上行驶通常毫不费力，而且速度很快，而高速公路代表着大脑中一条已经非常稳固的神经通路。这样的通路可能是由我们经常重复的任务、特定的思维方式或特定的情绪构成的。比如，当现在我打字时，我不需要刻意去在键盘上找每个字母的位置。因为已经熟能生巧，我的大脑已经形成了非常牢固的通路，让我的手指自然而然地找到每个字母的位置。大脑中将单词拼写与手指动作连接起来的通路，就像是那条六车道的高速公路。

现在，想象一下你第一次尝试一项新任务的情景。这可能不会像在高速公路上开车那样轻松，而更像是徒步穿越一片荒野！这并不容易，需要付出相当大的努力。你必须小心翼翼，以免被倒下的树干绊倒，还得提防蛇和其他危险，并且要披荆斩棘，开辟一条新的道路。第二次穿越这片荒野时，你会觉得稍微容易一些，因为你可以沿着第一次走过的路线前进。再经过几次之后，你就能够开辟出一条别人也能跟随的小径。随着时间的推移，这条小径会变得越来越稳固，行走起来也会更加轻松。最终，它可能会变成一条常规使用的六车道高速公路！关键在于，我们重复某一行为的次数越多，大脑中的神经通路就变得越稳固。

另一个例子是学习开车。刚开始学习并挂上 L 挡（低速挡）时，有很多事情需要有意识地思考：油门在右边，刹车在左边，松开手刹，打转向灯，检查后视镜，留意盲区，以及在澳大利亚还要记得向右让行等。但随着你在驾驶座上花的时间越来越多，整个过程会变得越来越自然，需要有意识思考的部分越来越少。开车开始变得自动化，我们几乎不用思考就能完成各种检查、加速和刹车的操作。这是因为我们的大脑已经形成了一条与驾驶相关的通路——被称为"神经网络"，并通过反复练习令它得到了巩固。神经网络越稳固，它的反应速度就越快，我们也越容易激活并操作它。

那么，这一切与改变我们的多巴胺驱动行为有什么关系呢？

坏消息是，你躺在床上追剧的次数越多，大脑中将"床"与"追剧"联系起来的通路就越发达。我有一个非常稳固的神经网络，将打开手机与点击社交媒体的图标联系在一起。实际上，这个神经网络已经发展得如此成熟，即使我删除了应用程序，还是会不自觉地解锁手机并本能地去点击图标！

你越是频繁地执行想要改变的行为，大脑中相应的通路就越发达、越自动化。 将赫布式学习原理与我们已知的多巴胺驱动行为结合起来，你就能明白为什么这些模式如此难以改变！

但好消息是，人类的大脑是可以改变的。它不是一个业已形成的静态器官，而是充满活力和变化的。这种现象我们称之为"神经可塑性"。"可塑的"（plastic）这个词源于拉丁语"plasticus"和希腊语"plastikos"，意思是"塑造"或"形成"。神经元是大脑的基本构造单元，它们可以改变和调整。正如它们可以形成通往社交媒体的六车道高速公路一样，它们也能形成新的、更健康的通路。

虽然神经可塑性意味着大脑可以朝好的方向改变，但它也可能导致成瘾。对于大多数成瘾者来说，大脑会逐渐产生耐受性和生理依赖性，这意味着用户需要更多的刺激才能达到同样的效果。这种情况可以发生在任何反复使用镇静剂、阿片类药物等药物的人身上。[2] 在重度成瘾者中，大脑的变化可能非常持久。[3] 而且由于药物引起的多巴胺释放量通常大于自然奖励所能带来的量，因此药物很容易压倒我们的自然或有用的行为。

幸运的是，我们也可以利用神经可塑性的力量来做出非凡的事情。在一项著名的研究中，爱尔兰神经科学家埃莉诺·马圭尔（Eleanor Maguire）研究了英国出租车司机的大脑，发现特定的认知过程改变了他们大脑的形状和结构。[4] 她研究了司机们的"视觉空间记忆"（visuospatial memory），即记住从一个地点到另一个地点所需的认知过程，发现他们的能力是超乎常人的！这些司机们必须经过大量的训练，通常被称为"知识训练"。随着时间的推移，他们能够学会大约 25 000 条伦敦街道、成千上万的城市地标，以及如何不借助技术辅助导航找到路。磁共振成像研究表明，他们的后海马区比其他人大得多。

大脑的能力远不止学习新语言和城市地图。大脑组织具有令人难以置信的能力，可以承担新的功能。[5]例如，对于一些经历过脑损伤的人来说，神经可塑性可以使未受损的区域接管感觉或运动功能。在《重塑大脑，重塑人生》(*The Brain that Changes Itself*)一书中，英国精神病学家诺曼·道伊奇（Norman Doidge）讲述了那些恢复瘫痪肢体功能的残障人士、学会听声音的失聪人士以及通过重新训练神经通路缓解疼痛的患者的故事。[6]

莫拉·利布（Mora Leeb）在 2007 年 9 月出生前，在母体子宫内遭受了严重的中风，这导致她大脑左半球大部分细胞死亡，并让她患上了罕见的神经系统疾病。在她 9 个月大时，外科医生决定移除她大脑左侧受损的部分。这部分大脑在产生和理解语言中起着关键作用。你可能会认为这对她来说是灾难性的。然而，到了 2024 年，16 岁的莫拉表现得就像一个普通的青少年。尽管她的语言处理速度较慢，但她可以沟通交流、讲笑话和理解语言。得益于神经可塑性，她的大脑右半球能够承担一些通常由左半球完成的功能。不仅如此，她还会打网球、解数独题，喜欢唱歌，甚至还能滑雪！

莫拉接受的手术被称为"半球切除术"（hemispherectomy）。美国的心理学和神经科学教授多丽特·克莱曼（Dorit Kleimann）在2019年进行了一项研究，观察了6名在11岁之前接受半球切除术的年轻人的大脑功能。[7] 功能性磁共振成像（fMRI）数据显示，尽管他们缺少半个大脑，但他们所有人的主要网络都与拥有两个半球的健康大脑相同！

如果莫拉和其他失去半个大脑但仍能茁壮成长的人，能够凭借神经可塑性的力量生活得很好，那么你和我也一定能利用大脑的惊人能力来建立和加强新的通路，同时削弱旧的通路。我们现在将学习如何利用大脑的神经可塑性，改变那些被多巴胺强化的通路。这将是一个双管齐下的方法——我们将在神经化学水平上改变神经通路和重置多巴胺水平，同时也在行为上建立对不良习惯的控制。

共同思考

- 在你的生活中，有哪些"一起放电的神经元会连接在一起"的例子？
- 你有哪些已经变得自动化的行为？例如，走路、骑自行车、开车、打字、写作和说另一种语言。

- 当你刚开始做这些行为时是什么感觉？困难吗？是什么帮助这些行为逐渐变得更快、更自动化？
- 思考一下对神经可塑性和习惯形成的理解如何影响你的未来目标。这些信息如何帮助你培养韧性、适应性和持续地成长？

The
Dopamine
Brain

第 15 章

暂停一下

有句话说得好，疯狂就是一遍又一遍地做同样的事，却期待不同的结果。如果我们想要不同的结果，就必须采取不同的行动！这不仅仅是想着"如果事情改变了会有多好"，而是要付诸实际行动，确保改变真正发生。

现在，让我们开始做一些实际的改变吧。

需要再次强调的是，这里的建议并不适用于那些对酒精或药物严重成瘾的人群。戒断和渴望需要由医疗专业人士谨慎管理。**我们将要讨论的改变是为了一般人，他们可能有一些不健康的行为模式，希望获得更多的控制。**事实上，我们可能想要改变的一些行为，比如暴饮暴食或过度使用手机，并不是我们可以或愿意完全放弃的事情！

我常常说："如果什么都不改变，那么什么都不会变。"我不仅对我的来访者这么说，每次当我发现自己希望某些事情不同，我也会对自己这么说。如果我们想要有所不同，就需要去改变它。我希望你已经准备好了为了更好的未来而做出改变。

在第 7 章中，你选择了一个目标行为。在接下来的策略中，请始终牢记这个目标行为。当然，你以后可以把这些策略应用到不同的目标行为上，但我建议你一次专注于一件事情，并保持简单明了。当改变看起来太大或太复杂时，成功的可能性就会降低，我们很容易很快回到旧习惯中。**而当改变简单易行时，它更有可能成为一种自动的习惯。**[1] 因此，它需要在我们的日常生活中易于融入和维持。

但首先——让我们从"暂停一下"开始吧。

让我给你描绘一个在心理咨询中常见的场景。以乔（Joe）为例。乔在我预约已满的时候联系了我。我推荐了另一位心理咨询师给他，但他坚持等到我能接诊为止。当我终于见到他时，他告诉我，他对色情内容有一种不健康的依赖。他感到非常痛苦，觉得自己无法控制这种行为。色情内容已经开始影响他的亲密关系，他的伴侣要求他寻求帮助。这也让他在工作中难以集中注意力，并且无法全心陪伴家人。当我第一次见到他，听他讲述自己的故事时，我能感觉到他是真心想改变。这种行为确实对他的情感状态和内心平静产生了负面影响。我建议他的第一步应该是"暂停一下",并有一段戒断期。我解释说,这将是一个挑战,他会经历强烈的冲动和不适的情绪,但我可以帮助他学习管理和应对这些不适的技巧和策略。我告诉他,改变并不容易,但这是值得的。

乔,像许多面对类似建议的来访者一样,非常不喜欢这个建议。即使人们知道不健康的行为已经对自己和亲人造成了多大的影响,他们对"暂停一下"的建议通常也会犹豫,甚至十分抗拒。随后他们通常会列出一长串的理由(和借口),说明为什么暂停是不可能的,或者为什么这是一个糟糕的主意。以下是我在多年实践中听到的一些借口。

- 研究表明,每天喝一到两杯红酒的人生活得更健康、更快乐。所以我觉得我完全不应该停止喝酒。
- 我的一个朋友一直在使用致幻物质,他说这有次帮助他处理了关于父母的创伤。我觉得这些药物可能有一些好处。
- 我的父母已经接受我是个瘾君子的事实,并不再逼迫我找工作。如果我停止使用,他们会对我的期望更高,给我更大的压力。
- 我在 TikTok 上看到一个家伙说,违禁药品治好了他的注意缺陷多动障碍和强迫症。

> • 我看了一篇新闻报道说，自慰实际上对心理健康有益，因为它会让内啡肽释放，使人感到快乐。

有时候，人们来找我做心理咨询，以为我有某种神奇的能力，可以只需通过谈话便能治愈他们。他们期待我说出一些他们从未听过的话，能够改变他们的感受和与世界互动的方式。突然之间，他们就不会再沉溺于色情内容、酒精或咖啡，或不再拥有不断在社交媒体上寻求外界认可的冲动了。如果真有这么简单就好了！当然，我希望我的来访者离开时都能带走一些有意义的信息，但人们更希望我能带走他们身上的某些东西——带走观看色情内容的冲动，带走面对某些情绪时的不适，带走工作压力、关系中的紧张或分手的心痛。遗憾的是，这是我无法做到的。

然而，我可以做的，是帮助他们以不同的方式看待自己，并做出改变。但这需要一个人做好准备，并愿意付出努力。

为什么这一点很重要呢？如果你已经读到这里，恭喜你！你就像那些已经和我进行了多次心理治疗的人一样。这些人向我讲述了他们的故事，分享了他们的挣扎，并解释了他们想如何感觉好起来。我们讨论并思考了他们生活中重要的事情，以及他们想要如何生活。

现在，是时候采取行动，真正做出这些改变了。

你有选择权。

你可以继续作为旁观者阅读下去，体验在治疗室里做一个观众的感觉，但并不正式参与其中；你可以思考实施我们将要讨论的策略会是什么样子，你的日常生活可能会因此发生变化，也可能不会。如果你是这种心态，那么，我感谢你继续阅读并考虑这些选项。然而，我也要说的是，不要指望只是读完本书，一切就会自动变得不同！如果什么都不改变，那么什么都不会变。如果你不想实施所有这些策略，那也没关系，只是对生活最终会是什么样子，要有现实的预期。不过，我还是鼓励你选择一个——哪怕是仅仅一个——小小的改变，然后有意识、有目的地去实施它。

但如果你已经准备好、愿意并且有能力采取行动，我的**第一个建议就是，从目标行为中暂停一下**。而所谓的"暂停"，我的意思是完全停止这个行为，戒掉它。

如果你愿意的话，可以把这次暂停看作一次实验。比如说，尝试两周，看看会发生什么。没有一成不变的强制性合同规定，并不是说一旦你放弃了某个行为，就永远不能再回头。两周结束后，接下来怎么做由你决定。但如果不让自己与那些令我们困扰的物质、设备或行为保持距离，我们就无法真正了解它们与我们之间的关系是什么样的。

那么，为什么暂停一下这么重要呢？这都要归结于多巴胺和我们大脑中化学物质的变化。我们在第 2 章已经打破了"多巴胺排毒"的神话，所以暂停的意义并不是所谓的"排毒"！当你暂时戒除某种物质或活动时，实际上是给大脑一个机会，让它重新调整多巴胺的基线水平及其敏感度。当你频繁地做那些刺激多巴胺分泌的活动时，大脑会进行自我调节，以维持其内稳态。因此，**我们的目标是减少不健康刺激对我们的控制。**

但暂停的意义远不止于此。作为一名科学家，我喜欢用数据说话。数据能提供精确性和清晰度，帮助我们测量变化，并赋予这些变化意义。把暂停当作实验来看是有用的，因为你可以收集关于自己的数据。如果你不确定某个行为对你有什么具体影响，那么用暂停来实验一下，便是一个好方法。例如，你可能怀疑自己周末和朋友外出时喝得有点儿多了。虽然这不是个大问题，但减少在酒精上的开销也没什么坏处。你并没有因此上班迟到、取消社交计划、患上肝病或者与伴侣争吵，但你已经开始考虑要少喝点儿。戒一段时间的酒可以帮助我们了解酒精和感觉之间的真正因果关系。你已经有了关于外出喝酒对你影响的数据，如果这是一个实验，你可能已经重复了很多次，并每次都得到了相似的结果。

现在，让我们收集关于相反实验的数据。

给自己设定一段时间不喝酒的目标，并记录下差异。想象自己是一名科学家。带着好奇心去尝试。你感觉如何？你玩得开心吗？你第二天感觉怎么样？你错过了什么？你又得到了什么？带着真诚而开放的好奇心去做，这样当暂时的戒断期结束时，你就能根据收集到的信息做出明智的选择，知道自己接下来该怎么做。

暂停不仅有助于建立行为控制，还能引发神经化学物质的变化。当我们不参与目标行为时，必然会经历某种程度的冲动或渴望。就像我的手机在我工作时放在桌子上，我会忍不住拿起它来查看 Instagram 一样，你也会感到想要做你告诉自己不要做的事情。这是好事！这是一种信息。感受和体验都是信息。尽量不要把它们贴上"好"或"坏"的标签，只需把它们当作"数据点"记录下来。

接下来，人们通常会问的一个问题是："需要暂停多久？"为了建立行为控制并重置大脑的内稳态，需要多长时间呢？这很难回答。它取决于许多因素，比如你对某种物质或行为有多"上瘾"；这也取决于你使用该物质或从事该活动的频率，还有你的年龄、生物学特征、遗传学特征和耐受性等。

有很多理论在江湖上流传甚广。在硅谷，你会看到高管和企业家们乐意把自己关在一个完全密闭的箱子里 24 小时。他们剥夺自己所有带来快乐或刺激的来源，进行所谓的"多巴胺重置"(dopamine reset)——没有科技、没有食物、没有手机、没有音乐、不与人交谈。任何可能引发快乐并释放多巴胺的东西都没有。这在我看来是一种极端的做法,而且不幸的是,它很可能不是他们寻找的灵丹妙药。它是不可持续、不切实际的,也不太可能带来长期的改变。当然,它也没有科学依据,因为我们永远无法完全停止多巴胺的释放,即使是在完全密闭的箱子里!

但请你不要把它与能产生长期效果的方法混淆。安娜·伦布克博士(Dr Anna Lembke)在其著作《成瘾》(*Dopamine Nation*)中建议,为了实现"多巴胺重置"并建立起足够的意识来注意到可能出现的思想和情绪模式,我们应该对我们的目标行为暂时戒除一个月。[2]

在许多康复中心或十二步骤康复计划中,你会经常听到"90 天"这个时长单位。达到 90 天戒断的里程碑是一件值得庆祝的事情,对于那些与成瘾斗争的人来说,这是一个相当大的成就。实际上,如果你能坚持 90 天,很可能会得到一枚"奖章"作为成功的象征。这些计划建议在做出进一步决定之前,至少要戒断达到 90 天。

研究证据表明,对于严重的成瘾,如药物或酒精,大脑的神经可塑性需要相当长的时间才能重置。脑成像研究显示,即使一个月未接触药物的人,在看到与药物相关的提示时,大脑的奖励通路仍会迅速激活,表现为奖励通路血流量的增加。³即使向他们展示的提示只有极短的 33 毫秒——如此短暂，以至于它们甚至没有到达意识层面，这种情况也会发生。⁴ 这时他们会报告有渴望感，渴望的强度与多巴胺的释放量直接相关。⁵

研究并没有明确告诉我们，大脑内稳态的重置需要多长时间。基于研究和临床经验，我的建议如下：如果我在诊所治疗严重的成瘾者，我同意推荐**至少 90 天无复发的戒断期**。这是一个值得追求的合理时间长度。传统上认为，在 90 天内完全戒断是严重成瘾者的唯一选择。最近的研究表明，人们只要减少摄入量就足够了。⁶ 然而，根据我的经验，如果成瘾严重，仅仅减少使用量是有风险的。

如果你没有面临严重的成瘾问题，选择一个你觉得可行的时长。这可能是两周或一个月，但不要尝试什么"24/48 小时快速戒断法"。这段时间太短了，除了可能偶尔抵抗一下诱惑、用其他事情分散注意力以缓解不适之外，我们来不及对自己进行任何其他的内在调整。建议从 2~4 周开始，这样你可以真正看到效果。

还有一点很重要，请务必记住。**如果你仅仅是通过戒除某个行为或某种物质就感觉好了很多，那么恭喜你！你已经找到了关键的解决之道。**然而，对于许多人来说，事情没这么简单。过去，医生们认为排毒就是治疗药物成瘾的全部，但我们现在知道，排毒只是将药物从体内排出到彻底戒断中的一个环节。[7]

在动物和人类身上开展的研究都告诉我们,在初次戒断后的几周到几个月内,对成瘾物质的渴望会逐渐增强。这个过程被称为"渴求孵育"(incubation),指的是在初期戒断后,渴望逐渐增强。[8]这些渴望可能会持续很长时间,有些情况下甚至可以在戒断开始后长达6个月内保持强烈。

经过1~2个月的戒断后,被训练可以自我注射毒品的老鼠,比戒断1~7天的对照组表现出更强的渴望。[9]这也适用于阿片类药物。研究表明,同样的情况也发生在对食物的渴望上。在老鼠的研究中,无论是标准食物还是高脂肪和高糖食物,在渴求孵育过程中,样本都会出现对食物的强烈渴望。[10]而且不仅限于老鼠,在人类身上也观察到了渴求孵育现象(研究集中在烟草、酒精和药物使用方面)。[11]渴求孵育还被认为存在于赌博等成瘾行为中。[12]

这一切都在说明,"暂停一下"往往不仅仅是"暂时不碰"那么简单。没有一个固定的"魔法时间"。虽然我们中的大多数人不会面临严重的成瘾问题,也不会经历严重的戒断症状,但暂停刺激仍会带来不适。例如,**当我们戒烟、停止追剧或不再摄入过多含糖食物时,真正重要的是在那段时间里我们还做了什么**。你了解到哪些关于自己的想法、情感和内在体验?你又是如何仔细思考自己对某些行为的冲动和欲望的？你是否会用电子烟取代香烟？是否会用暴食取代酗酒？是否会用另一款线上游戏取代前一款？**正是在这个阶段，真正的、持久的改变才会开始发生。**这正是我们仔细思考自己的价值观，并开始从事与这些价值观一致的事情的好机会。暂停不仅帮助我们建立行为控制，还让我们能够体验那些原本会被忽视或回避的情感，并去做一些有意义且有力量的事情。

我希望你现在已经决定从你的目标行为中抽身一段时间，并锁定了一个时间段。接下来，我们将探讨如何应对随之必然会产生的不适感，如何管理回到目标行为的冲动，以及如何用更有意义的追求填充这段时间。

共同思考

- 改变可能很难。你能想起一些你生活中成功做出的改变吗？
- 你能否维持这些改变？如果是，是什么帮助了你？
- 你是否尝试过做出一些不那么成功的改变？是什么阻碍了你？
- 阻碍长期改变的因素是内在的（例如，你自己的思想和信念），还是外在的（例如，缺乏资源来实现改变）？

The
Dopamine
Brain

第 16 章

与不适共处

我本想用一句深邃的引言来开启这一章,探讨步入不适之境的话题,诸如"成长往往发生在舒适区之外"或"改变始于舒适区的尽头"……但我觉得还是直截了当地说更好:直面不适,真的很难。这是无法回避的事实。为什么会这样呢?因为每个人天生就会倾向于逃避不快的情绪。

在 19 世纪末至 20 世纪初,精神分析学之父西格蒙德·弗洛伊德提出了一个被称为"痛苦-快乐原则"的理论。弗洛伊德认为,人们在生活中做出的选择,要么是为了减轻痛苦,要么是为了增加快乐,而这种内在的动机既满足生物(或身体)需求,也满足心理(或精神)需求。[1]

虽然身体上的痛苦和心理上的痛苦不同,但研究表明,两者在神经学上存在一些共通之处。[2] 例如,"社交疼痛"(social pain)(比如被拒绝、被排斥或失去亲人)会激活大脑中与身体痛苦相关的神经通路。那些对身体疼痛更为敏感的人,往往对情感痛苦也更加敏感。我们描述被拒绝时,常常使用类似于身体疼痛的语言,如"感觉很受伤",或是"心脏都被撕裂了"。在一项研究中,研究人员让刚刚经历了非自愿分手之痛的被试完成两项任务[3]:第一项任务是让他们看着分手对象的照片,并回忆那段被分手的经历;第二项任务则是接受来自一个贴在皮肤上的热敏仪(一种小金属板)释放的疼痛性热刺激。结果显示,大脑中与疼痛有关的通路(具体来说,包括背侧前扣带回、前脑岛和后脑岛)不仅对重温被分手的经历有所反应,还对疼痛性热刺激做出了反应。这说明无论是身体上的疼痛还是情感上的痛苦,都能激活相同的神经区域,甚至大脑的某些部分不仅会对真实的社会拒绝做出反应,还能对潜在的社会拒绝做出预判并有所反应。[4]

正是由于情感痛苦的共鸣性,我们才有了那么多关于心碎、失落、悲伤和哀愁的歌曲、电影、戏剧和艺术作品。人类一直以来都在创造表现苦难和绝望的艺术。古希腊人就以演出悲剧而闻名,这是一种流行的艺术形式。文森特·凡·高(Vincent van Gogh)的画作《悲伤的老人》（*Sorrowing Old Man*）描绘了一位在情感上陷入绝望并且身体病弱的人。葡萄牙的"法多"（fado，又称为悲歌）和爱尔兰的"挽歌"（lament）都是表达悲伤和痛苦的传统音乐形式。而在现代，关于失去爱情的歌曲更是数不胜数，从托妮·布莱克斯顿（Toni Braxton）的《勿伤我心》（*Un Break My Heart*）和阿黛尔（Adele）的《像你一样的人》（*Someone Like You*），到格洛丽亚·盖诺（Gloria Gaynor）的《我会活下去》（*I Will Survive*）和希妮德·奥康娜（Sinéad O'Connor）的《无人可以取代你》（*Nothing Compares To You*），这些歌曲都曾登上了排行榜的榜首。人们感受到的情感痛苦不仅真实存在，而且极具共鸣性，是人类经历中不可或缺的一部分。我们都会感受到情感痛苦与不适。

当然，想要逃避这种感觉是人之常情。毕竟，谁不愿意一直保持好心情呢？正如我们已经讨论过的，现代生活的很多方面都被精心设计来帮助我们快速而轻松地获得愉悦。然而，学会直面情感上的痛苦和不适，并能与之共处也有其好处。那么，这到底意味着什么呢？

与不适共处，实质上就是允许自己去体验那些不愉快的情绪和经历。可能是一些令人不悦的情绪，比如悲伤、愤怒或哀愁；也可能是一些身体上的不适感，比如紧张时胃里翻江倒海的感觉；或是对某物强烈的渴望，例如一根烟或一杯酒。与其试图挣扎着摆脱这些感觉、想方设法用其他事情转移注意力或是彻底逃避，我们需要做的是相反的事：**给这些不适留出空间，允许它们存在，并学会与之共处**。这是我们在管理和调节情绪体验时的一项关键技能。

要做到这一点，我们首先要认识到，这些感觉究竟是什么。心理学家将这种能力称为"**内感受性觉察**"（interoceptive awareness），也就是对我们体内感觉和信号——比如心率、饥饿程度、饱腹程度、疼痛体验、冲动体验和情绪感觉等——的觉察能力。对我们内在体验和状态的觉知，有助于我们更好地调节情绪，从而有效应对生活中的起伏变化。

为了有效地调节情绪，我们必须能够准确地检测和评估我们的内部信号。这对于管理社交互动、保持心理健康以及预防某些形式的情绪困扰和精神疾病至关重要。[5] 此外，它还能帮助我们更从容地应对高压力的情境，改善人际关系的质量，并在面对棘手的交流时表现出更大的冷静与控制力。

那些难以调节情绪的人，在青少年时期和成年后都更容易出现广泛的心理健康问题。[6] 研究者阿米莉亚·阿尔达奥（Amelia Aldao）、苏珊·诺伦-霍克西玛（Susan Nolen-Hoeksema）和苏珊娜·施魏策尔（Susanne

Schweizer）进行了一项大规模的研究综述，揭示了情绪调节障碍与抑郁、焦虑、进食障碍和药物滥用之间的联系。[7]

我们的情绪调节技能从出生开始就在不断学习中。这些技能通过父母和照料者对我们哭泣或烦躁时的反应方式而逐渐培养起来。我们还会通过观察和模仿周围其他成年人的行为来学习。如果我们看到成年人通过平静的沟通来解决问题，我们也就更可能采取这种方式；反之，如果看到他们通过激烈的争吵或酗酒来处理情绪，我们也会学到类似的应对策略。虽然争吵和饮酒可能在短期内起到调节情绪的作用，但它们绝不是最有效的办法！

所以，这与多巴胺有何关联，又为什么有关联呢？当你按照上一章给自己设定的期限进入戒断期时，你不可避免地会感受到种种情绪。认知行为疗法的基础在于：我们的思想、情绪和行为是紧密相连的。我对某件事的看法会影响我的感受，进而影响我的行为。比如，如果我在街上看到一只狗，心里想："那只狗看起来很凶，很吓人，可能会咬我。"我就会感到害怕（情绪），并选择绕道走（行为）。但假如我看到那只狗时想的是："我喜欢狗狗，它真可爱！"那么我就会感到高兴（情绪），并上前去抚摸它（行为）。这是一个简单例子，展示了我们的思想、情绪和行为之间的联系。既然这三个方面是相互关联的，改变其中一个就会对其他两个产生多米诺骨牌式的连锁影响。你通过暂停（戒断）所做的改变，是一种行为上的调整，这种行为上的改变，最终会影响你的思维方式和情绪状态。

然而，当我们决定暂停那些长期受到多巴胺强化的习惯时，难免会遇到一些不舒服的感觉和体验。学会觉察这些体验并"与不适共处"，能够增强我们的情绪调节能力。这里还有另一个重要的点需要注意。正如我之前提到的，我喜欢数据，而内部体验，嗯，其实就是数据。它们是信息的来源。人们往往急于把愉快的情绪标记为"好的"，把不愉快的情绪标记为"坏的"。然而，所有的情绪都为我们提供了有价值的信息。幸福可能让人感觉"好"，而焦虑可能让人感觉"不好"，但在理解自我方面，它们同样重要。

从进化的角度来看，人类的情绪是适应性的，有助于我们的生存。每种情绪都有其存在的理由，并且都承担着特定的功能。**通过消除干扰并戒除不健康的、由多巴胺驱动的习惯，你可以让你的大脑和身体以情绪信号的形式接收更多信息。**情绪是复杂多变的，在人类行为和社会互动的多个方面都起着重要作用。

以恐惧或焦虑为例。恐惧和焦虑让人感到不舒服，且往往是不愉快的。当人们感到害怕或焦虑时，他们通常会寻找方法来抑制这些感觉。我们常常听到人们安慰一个感到紧张的人说："别担心，你会没事的！"我们不喜欢自己感到恐惧、焦虑或担忧，也不希望别人有这种感觉，所以我们告诉他们不要这样。然而，恐惧具有重要的生物学功能。它是一种警报，提醒我们注意潜在的或即将到来的危险。恐惧是对环境威胁的一种反应，触发"战斗或逃跑"的反应，并帮助我们的身体为应对潜在的危险情况做好准备。因此，从进化的角度看，恐惧非常有用。没有恐惧，我们的祖先可能早就被老虎吃掉或是跌落悬崖了！

除了我的心理学工作之外，我还是一个音乐会钢琴家，在表演前常常会感到紧张。我不会因为这些紧张感让我不舒服就将其解读为负面情绪，而是告诉自己，这些感觉是有意义的。紧张感告诉我，我即将做的事情很重要。我在乎即将进行的表演，也希望观众能够享受其中。重新定义紧张感的意义，有助于我以有益的方式引导这种情感体验，而不是试图逃避（当然，逃是不可能逃的）。

愤怒是另一种许多人试图避免的不舒服情绪，但就像恐惧一样，它也有其功能。愤怒告诉我，我认为存在某种不公平，要么是我，要么是其他人受到了委屈。愤怒为我们提供了这些信息，同时也能激励我们去改善现状或倡导变革。

悲伤是一种对失去的反应而进化出的情绪。虽然令人不悦，但悲伤告诉我们，某件事或某个人对我们很重要。表现出悲伤也是向他人发出信号，表明我们需要安慰或支持。例如，如果我们看到某人在哭泣，大多数人都会有自然的冲动去问他是否还好，或者给他一个拥抱。

内疚是另一种人们本能地想要避免的不适情绪，但内疚为我们提供了有关道德是非的有用信息。内疚告诉我们，我们所做的事情与我们的道德准则相冲突，并能激励我们去道歉或做出弥补。

这样看来，所有令人不舒服的情绪都有其功能，并为我们提供重要的信息。我们的任务是识别这些情绪，并理解它们传递给我们的信息。

需要注意的是，有些人会经历不协调的情绪，也就是说，他们的情绪比情境所应引发的情绪更为强烈，或者情绪与情境不符。如果这种情况经常发生，那么寻求心理健康专业人士的帮助是非常重要的。以非功能性方式经历的过度焦虑如果影响到了日常生活，实际上可能是焦虑障碍的症状，需要得到适当的治疗。

别误会我，我并不是希望人们整天都沉浸在痛苦和煎熬中！事实上，当我们有重要的事情需要处理时，能够分散注意力，将不适的情绪放在一边，对于自我调节也是有用的（更多内容将在第 18 章中详细介绍）。有时候，我们有重要的事情需要处理，根本不能让自己被强烈的情绪所淹没。比如，如果早上醒来要去参加一个重要的面试，但若是心情非常沉重，我会选择分散自己的注意力，而不是让情绪失控导致错过面试。问题在于，如果我们长期逃避和忽视负面或不适的情绪，从不给予它们应有的关注，那么问题就会出现，甚至让这些情绪最终在非常不合适的时候以更强烈的形式爆发。虽然从来没有一个"好时机"去面对不适的情绪，但在可能的情况下练习与它们共处，可以帮助我们培养这项技能。

接纳不适是非常强大的力量。确实，成长往往发生在舒适区之外，这话有其道理所在。回顾历史上的关键时刻或社会的重大变革，它们往往不是在人们感到舒适的情况下发生的。1955年在亚拉巴马州，当罗莎·帕克斯（Rosa Parks）拒绝给白人让座时，我很难想象，她和那辆种族隔离巴士上的其他乘客会感到舒适。然而，她的行为引发了"蒙哥马利巴士抵制运动"（Montgomery Bus Boycott），这是美国民权运动中的一个关键事件。2012年，巴基斯坦少女马拉拉·优素福扎伊（Malala Yousafzai）因倡导女孩教育而遭到袭击和枪击。尽管如此，她还是幸存下来并继续她的改革事业，成为史上最年轻的诺贝尔和平奖得主。在遭到枪击后继续这项工作肯定会有一系列不适的情绪，但马拉拉还是克服了这些困难。像罗莎·帕克斯和马拉拉·优素福扎伊这样的例子还有很多。

所以，不要害怕不适。当你努力改变与多巴胺驱动活动的关系时，肯定会感到不舒服。现代社会的发展方式鼓励人们追求快乐，避免痛苦。然而，从进化的角度来看，痛苦和不适并不一定是坏事。它们是不可避免的，也是重要的信息来源。

当你暂时远离目标物质或行为，并开始改变多巴胺在你大脑中释放的模式时，请注意自己的感受。要预料到会有不适的时候。注意你身体的情绪和感觉，允许自己去感受它们。记住，它们是你的信息来源。它们会告诉你你的感受和情绪状态，无论是好的、坏的，还是丑陋的。如果我们试图推开这些感觉或冲动，最终会用另一种不健康的行为来代替。许多来访者都告诉我，当他们试图戒烟时，结果吃得更多；当他们戒掉赌博时，喝酒却增加了；或者当他们停止使用社交媒体时，却开始疯狂地看电视。这是因为他们没有让自己感受到压力、无聊或烦躁，他们没有让自己去面对这些情绪。相反，他们用另一种行为来代替。简而言之，**我们对自己的经历越了解，就越有可能做出有用和有效的改变。**

共同思考

- 成长总是伴随着不适！你有没有因为允许自己感到不适而做到了某件事情？

- 调节情绪对于我们的日常功能非常重要。你有哪些常用的方法来管理内在体验?
- 我们对自身内在状态的天然感知程度各不相同。你是否了解自己的内心状态和经历,或者你是否可以提高对自己感受的敏感度?
- 有时,当我们推开情绪时,它们会在我们最意想不到的时候爆发出来。你有没有因为之前没有给情绪留出空间,而在某个不合适的时候被情绪压垮的经历?

The
Dopamine
Brain

第17章

驾驭情绪波动

现在，我希望已经说服了你，接受不适其实是有益的。那么接下来，我们来探讨如何有效地做到这一点。当我们暂停那些由多巴胺驱动的活动时，该如何巧妙地忍受，甚至拥抱那些必然会出现的不适感呢？

"正念"这个词对于很多人来说并不陌生。它并非新鲜事物。事实上，正念的历史悠久，某些分支起源于数千年前东方的佛教。比如，来自印度的瑜伽就结合了正念与冥想。而在我们身边，澳大利亚北领地戴利河地区（Daly River region）的土著居民也有着一种称为"达迪里"（dadirri）的正念实践，意为"内心的深度聆听"和"宁静的觉知"。

尽管多数人对正念有所耳闻，但对其含义的理解却千差万别。每当我向来访者介绍正念练习，或是为心理健康专业人士举办关于心理学原理的培训研讨会时，我都会先问问他们：对他们来说，正念意味着什么。很多人会回答说正念就是"不想事情"或"清空大脑"，或者觉得它让人感觉良好，是一种"放松技巧"。

实际上，**正念的核心在于，全然地觉察当下，并不加以评判**。将正念推广至西方的医学教授乔恩·卡巴金（Jon Kabat-Zinn）对此的定义是：以一种特定的方式，有意识地、专注于当下地、不加评判地给予关注。[1] 我们的思维自然会游离——这是正常的。它会回顾过去，展望未来，也会无意中陷入杂念。正念帮助我们察觉到思绪的游移，并温和地将它们拉回此时此地。

正念不是为了感觉愉悦、平静或放松！当然，这些确实是正念带来的益处，但我们绝不应该以此为追求的最高目标。同样，正念也不意味着要清空大脑或消除所有想法。这几乎是不可能的！大脑生来就是要思考的。即使是每天练习正念的人，也不可能不产生想法！

遗憾的是，这些关于正念是什么（或不是什么）的常见误解，成了人们接触正念的障碍。如果人们尝试正念练习，却发现无法清空思绪，或者结束后没有感到平静放松，他们往往会告诉我这"太难了""我做不到"，最终便放弃了尝试。实际上，无论好坏，这些体验都是正念的一部分。

让我们进行一个简单的练习。**当你暂停某个多巴胺驱动的行为时，可以尝试这个正念练习，它能帮你应对不适。**暂停片刻，找一件附近触手可及的东西。不需要特别有趣，越普通越好。接着，用你的五种感官去感知这个物品。它是什么形状的？感受一下它在你手中的重量。它是沉甸甸的，还是轻飘飘的？它给你的感觉是致密且坚实，还是空洞而轻盈的？它的温度是什么样的？颜色是什么样的？是多彩的还是单色的？有没有图案、线条或纹理？颜色是鲜艳明亮，还是暗淡柔和？表面有没有瑕疵或缺陷？注意它在每个手指尖上触摸的感觉。如果你把它举到耳边，它会发出声响吗？当你以不同方式移动它时，声音会有所变化吗？它散发出什么气味吗？

这就是正念的一个例子——它就是一种不带评判地觉察的练习，是带着你选择的注意力焦点全然地活在当下的实践，是你充分调动感官去观察、描述和体验的艺术。现在，将注意力转向你的内心，想象你正在关注的是自己内心的一种感觉。用同样的方法去感知、观察并描述这种内在体验。你能感觉到身体里的什么？有没有什么特别的感觉？你的肌肉是紧绷的还是松弛的？有刺痛感吗？有紧张感吗？有任何疼痛或不适吗？你在身体的哪个部位感觉到这些？它们是在你体内移动，还是停留在某个地方？这些感觉是迟钝的还是强烈的？试着对你感受到的一切保持好奇心。注意自己是对这些感觉有所抗拒，或能够接纳它们。你能否培养一种开放且不加评判的态度？如果你发现自己想要移动、抵抗或逃避某些感觉，请也留意这种冲动。试着辨别你可能正在经历的情绪。你可能同时感受到几种情绪，有时甚至可能是两种看似相互冲突矛盾的情绪（如既紧张又兴奋），这很正常。关键是注意到这些情绪是什么。再次，留意自己是否抗拒这些情绪，或者是否能够坦然接受。

采用非评判的、好奇的态度对待我们的体验，可以帮助我们更好地坐下来，平和地与情绪共处并加以调节。这使我们能够在不逃避或转移注意力的情况下体验各种情绪。当你从特定的物质或行为中暂时抽离时，这种做法尤为重要。**当不适感出现时，通过正念地坐下来，拥抱这一刻，将帮助你学会忍受这些感受，并在未来再次面对它们时，增强你管理它们的能力。**

美国加州大学洛杉矶分校的精神病学临床教授丹尼尔·西格尔（Daniel Siegel）博士提出了一个很有名的策略，"以命名它来驯服它"。[2] 这句话的意思是，在情感体验发生的同时，仅仅通过命名或标记这一行为，就能减轻其带来的痛苦和强烈程度。这个过程是如何发生作用的呢？负责情绪处理的大脑区域——边缘系统，是一个非常古老且原始的神经回路。有时候，它会使我们对一些其实并不值得做强烈情绪反应的情况产生过度反应，导致体内释放过多的应激激素，如肾上腺素和皮质醇等，进而导致我们的思维方式陷入灾难性的螺旋。通过命名我们正在经历的情感，我们激活了大脑中的前额皮质，这是负责我们高级认知功能（如推理、解决问题、规划和冲动控制）的区域。因此，命名我们的情感有助于降低其强烈程度。

定期练习正念的人会体验到显著的心理益处。**正念不仅可以帮助减轻焦虑、抑郁、药物滥用和慢性疼痛**[3]**，甚至还能在大脑结构上显示出效果**。我们之前提到过，大脑具有可塑性，可以随着经验发生变化。反复练习正念就是一个很好的例子。功能性磁共振成像研究显示，正念练习能够增加某些区域的灰质体积和浓度，比如左侧海马体和后扣带回皮质等[4,5]。灰质的增加与学习和记忆能力的提高、情绪调节、自我控制以及获取更广阔的视角有关——这些都是非常有用的心理技能！

此外，还有大量研究表明，基于正念的干预措施在帮助人们管理疼痛方面也非常有效。对于急性疼痛，正念可以提高疼痛忍耐度和疼痛阈值；[6]对于慢性疼痛，比如背痛，正念可以帮助减轻疼痛强度。[7]正念帮助我们管理心理上的不适，因为我们的思维方式可能会使已经令人痛苦的情况变得更加糟糕。正念帮助我们减少和消除因内在体验造成的不必要的痛苦，让我们专注于只管理纯粹的疼痛本身。

以我的一个来访者莫莉（Molly）为例。莫莉来找我，并不是因为她有成瘾问题，而是因为她难以控制自己的情绪。很不幸，莫莉曾经历过家庭的创伤、虐待和忽视，陷入了痛苦的循环。她不断问自己"为什么"：为什么这些事情会发生在我身上？为什么人们对我这么不好？为什么我没能保护自己？为什么别人不那么关心我？为什么没有人站出来帮助我？为什么这些事情到现在还影响着我？这些都是合情合理的问题。但这些问题她已经问了很多年，却始终找不到答案。

实际上，有些问题就是找不到任何答案的。我和她可以做出假设，但这样做往往只会让她陷入更多的痛苦和疑问，引发更多的问题。即使我们能够猜测虐待发生的原因，那些"为什么"的问题还是会不断重现。不知不觉中，莫莉为自己增添了额外的痛苦，而她的神经可塑性又强化了这一点。我们共同努力，一方面承认她的经历是多么痛苦，另一方面则试图去除这层附加的痛苦，停止"为什么"的恶性循环，只专注于处理最原始、最纯粹的情感痛苦本身。生活中难免会有痛苦，有些人可能比其他人经历更多，但我们都可能陷入不断给自己增添额外痛苦的陷阱。而正念，则可以帮助我们避免这种无休止螺旋上升的痛苦循环。

另一个需要牢记的重要事实是，**我们的内在体验不会永久持续**。当你暂停某个由多巴胺驱动的活动或行为时，如果你突然有了重新下载 TikTok、开始网购狂欢或喝得酩酊大醉的冲动，请告诉自己，这种冲动只是暂时的。没有任何人的冲动会无限期地持续下去。它终将会过去。冲动和渴望总是试图引诱我们回到旧有的模式，因此你要提醒自己，这些不愉快的经历只是暂时的，并非永久性的，这一点至关重要。

同样的道理也适用于那些我们希望逃避或远离的不舒服的情绪。当我们感到无聊、愤怒或悲伤时，想要推开这些感觉的欲望可能会让我们更容易选择拿起游戏手柄或者打开一瓶酒。但这样的做法实际上并不奏效。著名瑞士心理学家卡尔·荣格曾说过，我们抗拒的任何东西都会"持续存在"。[8] 换句话说，我们越是想推开这些情绪，它们就越有可能卷土重来。认识到冲动和不愉快情绪的暂时性，对于培养自我意识至关重要，这能让我们感觉更有掌控力。

本章之所以被命名为"驾驭情绪波动"，是因为冲动和情绪的波动本质上就像波浪一样。它们开始时很小，随着时间的推移逐渐增强，达到顶峰，但最终会消退。我们的任务就是**通过正念练习，像冲浪者一样驾驭这些情绪之浪**。如果你是个视觉型的人，就想象一下自己站在冲浪板上，随着内心体验的波动而乘风破浪吧。冲浪者不会与波浪对抗，他们既不会试图紧紧抓住波浪，也不会努力挣扎或与之抗争。相反，他们会随波逐流，顺应其自然节奏。这个概念同样适用于所有的冲动和情绪，无论是愉快的还是不愉快的。愉悦的情绪最终会归于平淡，而不适的情绪最终也会回归到基线水平。

正念不仅是一种技能，更是一种生活态度。它会在你戒除所选的多巴胺驱动活动或行为期间为你提供支持。你会经历一些令你深感不适的情绪，但你不会伸手去拿香烟、酒杯或手机，而是静心与这些感觉共处。你会好奇地观察它们，思考这些感受是否只是吸引你走向目标行为，或是指向其他完全不同的事物。以这种方式拥抱困难或不适的时刻，使我们能够更好地容忍它们。这样做可以削弱这些情绪的力量，减少痛苦，并且给予我们更大的选择权和控制力，而不是让行为自动发生。

一旦你掌握了这些技巧，学会了如何注意到不愉快的内在体验并与之共处，而非被卷入其中，就到了迈向下一步的时候——将原本花费在不健康多巴胺驱动习惯上的时间转向有意义的、基于个人价值观的追求。不过，在进入这一阶段之前，让我们先来看看，如果真的无法忍受不适感，以及对多巴胺驱动行为的吸引力难以抗拒时，你能够做些什么。

共同思考

- 你有多能接受不适？
- 是否存在某些特定情境，让你觉得更容易或更难忍受不适？
- 仔细思考一下你观察和命名自己情绪的能力。你是能轻松做到，还是需要一些练习？
- 当你面对困难情绪时，你的典型反应是什么？你是更倾向于逃避它们、分散自己的注意力，还是直接面对它们？
- 回想一次你尝试过正念或其他类似练习的经历。你的期望是什么？它们与你的实际体验是否一致？

The
Dopamine
Brain

第18章

当你难以驾驭情绪波动

驾驭情绪波动是一项强大的技能,它可以帮助我们完成生活中不可避免的挑战。但每个人的经历都不一样,不幸的是,有些人确实比其他人经历了更多的苦难、失去、挣扎与绝望。就像一句老话所说,生活确实不公平。

除此之外,我们每个人的基因条件和生理构造也存在差异。情绪敏感度处于一个连续谱系上,对某些人来说只是一个小小涟漪的事情,对另一些人来说却可能是滔天巨浪。有时,在这样的浪涛中沉浮会让人感到筋疲力尽,只想从冲浪板上跳下来,游回岸边,在沙滩上躺平,晒晒太阳。这样的想法是完全合理的!能够承受冲动和情绪是一种处理不适的有效方法,但实际上,我们并不会总是有足够的心力去做到这一点。

设想一下,你正在参加工作中的一个会议。这漫长的一天已经接近尾声,但你还有好几个小时才能完成的任务量在等着你。你感到疲劳、饥饿,对会议的进程感到沮丧。这时,你突然想起今晚还有一场足球赛。一股强烈的冲动让你想去看看朋友们怎么下注。你甚至开始盘算,会议结束后就与朋友聊聊这件事。不过,体育彩票正是你决心暂时放弃的行为。与下注的朋友交流是冒险之举,并且你还有好多工作需要全神贯注地完成。

在这种情形下,运用正念技巧,觉察到多巴胺带来的冲动,观察这些感受,并与不适共处,是一种让冲动自然消退的合理方法。但是,这个过程可能并不轻松,你会感受到一波接一波的多巴胺刺激,驱使你重拾那些本该戒断的行为。或许你实在太累了,根本无力应对这些波动。在会议上,你可能需要全力以赴去迅速有效地管理这种冲动,才能保持专注。于是,你就陷入了一场内心战斗:一边是多巴胺驱动的行为,另一边则是基于个人价值观的追求。

我的一位来访者,46岁的奥利弗(Oliver),总是打扮得体,头发浓密。他既迷人又神秘,是个极具吸引力的人。奥利弗来找我,是因为他对性上瘾。这件事几乎占据了他全部的思绪,再加上酒精和毒品的影响,使得他的问题变得更加复杂。

虽然性生活丰富，奥利弗却感到异常孤独。其实，他真正渴望的是一段充满爱的健康关系。他离婚了，非常想念有一位伴侣可以共享生活、在餐桌上欢笑、夜晚相拥而眠的日子。他向往的是一种超越肉体亲密的情感陪伴。奥利弗面临的问题有两个层面：一方面，他的行为与他拥有充满爱的健康关系的价值观不符；他在追求即时的感官快乐，而非长久的幸福感。另一方面，当他试图通过约会来认识女性并发展潜在关系时，却总是被性满足的诱惑所牵引。这意味着每次约会结束时，他都会试图说服对方发生性关系。如果失败了，他就会在回家的路上去其他地方寻求安慰。他对自己这种行为感到深深的羞愧和后悔，想要改变，但多巴胺的力量太过强大，他感觉自己像是在对抗大脑里的一条六车道高速公路。因为他太习惯以前的行动模式了，所以一切都驾轻就熟。而抵抗多巴胺冲动，对他来说可就陌生和困难得多了。

对于奥利弗而言，单单"驾驭情绪波动"远远不够，尤其是在与女性约会中思绪游离的时候。他感受到了自己的价值观与多巴胺驱动的冲动之间的冲突。他需要一些在紧要关头能够快速轻松实施的策略，以保持自己与总体目标和价值观的联系。

那么，当我们发现仅仅驾驭情绪波动并不足以解决问题时，应该怎么办呢？

幸运的是，作为心理学家，我们拥有一个装满策略的工具箱，可以帮助我们调节情绪和管理不适。有的你可能已经听说过，有的则可能是全新的。在这一章中，你将学习到一些简短、有力且直接的练习，可以在各种情境和环境中使用，以帮助你在多巴胺驱动的行为显现时应对自如。

分散注意力

我确信，如果我建议分散注意力作为一种应对困难经历的方法，那么我并不会给你带来什么新鲜感。适度使用时，**分散注意力可以是非常有效的短期工具**。但如果我们在面对挑战时频繁使用这种方法，它就可能变成一种不健康的逃避模式，这显然不是我们想要的结果！如果我们过度依赖分散注意力，就不能培养出应对情绪波动的能力。突然之间，每一种情绪或冲动都会变得难以忍受，以至于我们会依赖分散注意力来避免它们。实际上，逃避痛苦可能是推动成瘾行为发展，或与某种行为产生问题联系的关键因素之一。**无论是饮酒、色情内容，还是购物，这些都是我们最终用来逃避部分生活以及部分自我的方式。**

在我们探讨具体的分散注意力方法之前，我希望你能先自己想出一些点子。我们每个人在某个时候都会使用某种形式的分散注意力来帮助自己渡过难关。花几分钟时间思考一下，对你来说哪些方法可以起到分散注意力的作用。一旦你想到一些自己的主意，这里还有一些心理游戏可以加入你的清单。

心理游戏

- 按照字母表的顺序，为每个字母想出一个动物的名字。例如，A 代表食蚁兽（anteater），B 代表斗牛犬（bulldog），C 代表毛毛虫（caterpillar）……以此类推。如果你不喜欢动物或已经做过这个游戏，也可以用女孩名字、男孩名字、世界各地的国家或城市、颜色、乐器、蔬菜、运动、天体等来做同样的字母练习。天马行空，可能性无穷无尽！

- 心算可能既具挑战性又不是特别有趣（至少对我来说是这样），但它确实可以分散注意力，并帮助你将注意力集中在数字上。试着从 100 开始，每次减去 7 的倍数。或者创造一个加法链，从一个随机数字开始，比如 5，然后每次加上一个特定的数字，比如 3。继续在脑海中进行这个序列（5 加 3 等于 8，8 加 3 等于 11，11 加 3 等于

14……以此类推）。

- 词语联想不仅可以帮助我们通过周围的景象来稳定自己，还能同时玩一个心理游戏。环顾四周，选择一个物体。然后找出三个与这个物体相关的词语。例如，我面前有一堆"信封"。我脑海中浮现的三个词是"邮件""医生"（因为信封里有寄给来访者的医生信件）和"邮票"。最近我还去了澳大利亚北领地旅行，我可以看到房间的一个角落里放着我买的迪吉里杜管。我脑海中浮现的三个词是"声音""色彩"和"土地"。

- 接下来的游戏需要一页写有文字的纸。一本书、一本杂志、一张报纸、一张传单、一张名片，甚至钱包里塞着的一张旧收据都可以。任何东西都可以（不过字越多越好，因为这样练习可以持续更长时间）。我希望你看着那一页纸，数出所有的字母"e"。每一个都要数到。不要读文字，只数"e"。不喜欢"e"？那就数所有的"p"，或者任意选择一个字母！

分散注意力是我们可以快速且容易地使用的工具之一。当我们正经历对香烟的渴望、想要刷社交媒体时，并不是考虑大量可用选项的最佳时机。在我们感到不知所措时，大脑并不能像平时那样理性思考。因此，我强烈建议你准备一个方便的列表，列出一些简单的策略，当你处于不适中，无法驾驭情绪波动时，可以立即使用这些策略来分散自己的注意力。

运用感官

当我们的大脑被某种冲动或不适的内在体验、感觉或情绪激活时，有时候很难通过"思考"来找到出路。此时，我们的大脑理性思考的能力减弱，进入了一种更加情绪化的状态。我们的唤醒水平（或警觉性）也会妨碍我们清晰地思考。记住，当面对问题时，我们不必立即解决它。相反，我们**可以利用"感官"策略来管理内在体验，降低唤醒水平，然后再运用问题解决策略来思考应对问题的方法**。这样，我们就能更有效地应对困难情况，提高成功的概率。

如果你正在尝试戒除某种由多巴胺驱动的行为，但注意到自己再次产生了强烈的冲动或渴望，不妨先尝试一些感官策略。我们可以利用感官的方式大体上有两种，根据我的临床经验，人们往往会对其中一种有所偏好。我们可以选择非常温和、舒缓的感官体验，通过安抚来帮助自己重新调节；或者选择更为强烈的策略，给我们的系统带来更大的冲击。下面我详细介绍一下这几种方式。

自我安抚

这些策略之所以能带来安抚效果,是因为它们能够激活副交感神经系统,这个系统能抵消身体的应激反应,从而让心跳变慢、血压下降、肌肉放松。**通过这种方式,身体会逐渐恢复到平衡状态**。此外,一些舒缓的感官活动还能促使内啡肽的释放,这种物质能起到天然止痛和提升情绪的作用,进一步促进放松。[1]

接下来,我们将围绕五种感官——视觉、听觉、触觉、嗅觉和味觉进行讨论。对于每一种感官,我们都会介绍一些能带来安抚和镇静体验的方法。以下是一些具体建议。

- 视觉:调暗光线或戴上墨镜可以帮助我们平静下来。你也可以看看杂志或咖啡桌上那些展示壮丽自然风光、宁静城市景象的书籍,或是欣赏一些美丽艺术品的图片。观看自然风景的视频,或者闭上眼睛,想象自己身处在一个宁静祥和的环境中,比如一片安静的海滩,想象那里的景象、声音和感觉。颜色也有助于放松,尝试使用正念涂色书进行涂色或画画,有助于重新调整情绪。当然,如果你喜欢手工艺,可以自己做一个闪粉瓶(如果不想做手工,也可以直接购买现成的)。

- 听觉:轻柔的古典音乐尤其具有安抚作用(我个人

很喜欢莫扎特，他的音乐比其他作曲家的更为轻快）。环境音乐也很适合，因为它强调的是音调和氛围，而不是像其他音乐那样有传统的节拍、节奏或结构化的旋律。声音的层次和质感既有助于主动聆听，也有助于被动聆听，还能营造出宁静的氛围。在网上搜索自然声音，你会找到轻柔雨声、海浪拍岸声、树叶沙沙声或鸟鸣声播放列表。如果不爱自然声音，可以试试白噪声、粉噪声或棕噪声。白噪声包含了所有人类耳朵能听到的频率，强度均匀，声音能像"毯子"一样掩盖环境中的干扰声音。粉噪声和棕噪声与之类似，但不含高频部分。如果上述都不合你意，还可以尝试自主感官经络反应（autonomous sensory meridian response，ASMR）、双耳节拍、喜马拉雅颂钵等。

- **触觉**：说到触觉，就要考虑质地、压力和温度。热敷袋或热水浴缸带来的温暖，特别能让人感到舒适。即使是在被窝里或穿一件厚实的大毛衣，也能提供身体接触的舒适感和温暖感。许多人会发现加压毯子很有帮助，因为它们为全身提供了温和的压力，这也会激活副交感神经系统。按摩身体的某些部位不仅能带来触觉体验，还能提供压力感。有些人喜欢不同的柔软织物接触皮肤的感觉，如丝绸或天鹅绒。你还可以尝试减压球、指尖陀螺和魔方，还有孩子们非常喜欢的史莱姆！

- **嗅觉**：芳香疗法是一种利用芳香植物精油来创造香

味,以引起生理和情感变化的实践。薰衣草精油、含有洋甘菊或檀香的香薰,能帮助我们感到平静,并重新调节神经系统。如果没有扩香器,可以在棉球上滴几滴精油,然后深呼吸,也能达到效果。或者,香薰蜡烛也很不错,而且现在有很多漂亮的种类可供选择(比如我在圣诞节就买了一个很好闻的,有姜饼的味道)。你还可以尝试香薰乳液、草本枕头、房间喷雾、香薰浴盐、泡一壶草本茶,甚至是香薰凝胶笔。

- **味觉**:怀旧的味道可以唤起我们生活中的特定时刻或回忆,带来平静和放松的感觉。温暖的饮品,如茶、温牛奶,甚至汤和炖菜也同样有效。也许一小块巧克力的味道也能达到这样的效果(如果是高可可含量的黑巧克力就更好了,因为它含有抗氧化剂和能刺激内啡肽释放的化合物)。

人们都会选择那些最能让自己平静和受益的感官体验。对我来说,最有效的就是触觉,特别是温暖的感觉。当我心情不好时,穿上一件毛衣会让我感到非常舒适(即使在夏天也是如此)。温暖的淋浴也能给我带来安慰,帮助我有能力重新调节自己的情绪。不过,我不喜欢有强烈气味的东西(除了美味饭菜的味道),所以香水、精油和香薰对我来说永远不会让我平静下来。相反,它们会让我感到更加不适!

你也可以将不同的感官体验结合起来。比如泡一杯茶，可以同时满足嗅觉、味觉和温度的需求。你可以闭上眼睛，想象一个自然的放松场景（视觉），同时听一段鸟鸣录音（听觉）。如果泡个热水澡是一种放松方式（触觉和温度），那么可以考虑加一些香薰浴盐（嗅觉），并播放一些环境音乐（听觉）。

　　尽量准备一些快速且方便使用的感官工具，无论你在哪里都能使用。比如准备一个包含舒缓声音和音乐的播放列表，以便在外面时也可以随时聆听。同样，携带一小瓶精油、一个指尖陀螺或一块黑巧克力也是不错的选择。

强烈的感官体验

　　我们已经讨论了如何利用感官来安抚自己。但是，那些同样能重置神经系统的强烈感官体验呢？我们同样也能体验到其中的一些。

　　你有没有洗过冷水澡或者泡过冰浴？那是什么感觉？我猜大多数人的答案都不是"愉快"或"放松"，但事实上，冰冷的水对于管理欲望、冲动或强烈且令人不安的情感体验有着极大的好处。这种对系统的冲击实际上对身体非常有益。想象一下，你现在极度渴望巧克力、冰激凌或一个榛子奶油馅的甜甜圈，或者你正被焦虑或愤怒所困扰。此时，如果你突然冷水淋浴或跳进游泳池，感觉会怎样？这不会让你开心，但它会立即打断你刚才的经历，起到类似电路跳闸的作用！

荷兰的极限运动员维姆·霍夫（Wim Hof），也被称为"冰人"，以其耐寒能力而闻名。他曾创下冰下游泳和赤脚在冰雪中完成半程马拉松的吉尼斯世界纪录。（免责声明：请勿在家尝试！）

幸运的是，我们大多数人不需要冲击吉尼斯世界纪录，只需通过冷水淋浴就能达到类似的效果。

最终，我们试图模拟的是所谓的**"深潜反射"**（deep dive reflex）或**"哺乳动物潜水反射"**（mammalian dive reflex）。这是一种发生在包括人类在内的哺乳动物身上的生理反应，当身体接触冷水时会发生一系列变化：心率减慢以节省氧气并重新分配血流，四肢的血管收缩，呼吸变慢或屏住呼吸（如果是在水中）。[2] 如果你不敢尝试冷水淋浴，可以在碗里或盆里装满冷水，然后把脸埋进去，还可以加入冰块以增强效果！

就像我之前说的，大多数人要么倾向于追求强烈的感受，要么倾向于温和的自我安抚。如果你一想到冷水淋浴就兴奋，那么这个方法就适合你。如果你觉得这太可怕了，那么可以先试试泡个热水澡。其他能提供强烈感官冲击的方法还包括吃一些味道极强的食物，比如芥末或辣酱。小包装的芥末方便携带，随时可以在外出时使用。你吃过生姜吗？生嚼姜片虽然不怎么好受，但绝对够强烈！对于某些人来说，强烈的薄荷味或桉树油的气味、吃弹头酸糖、跳跳糖或甚至柠檬都能起作用。剧烈运动也是个好办法——比如奋力奔跑，或原地做一些快速的立卧撑跳（rapid star jump）！

当我和我的来访者奥利弗一起工作时，他正在与性瘾做斗争，起初他对这些策略的有效性持怀疑态度。然而，他尝试了一下，结果令他惊讶，他发现这些策略很有效。奥利弗偏好强烈的感官刺激。如果他在约会时感到想要重拾旧习惯的冲动，他会借口离开，并向酒吧工作人员要一杯加冰的饮料。然后他会去洗手间，用手握住冰块并擦在脸上，以此帮助自己调节情绪。如果他在约会后开车回家，开始有强烈的冲动想要绕道去其他场所，他会播放非常响亮、激烈的重金属音乐，比如黑色安息日（Black Sabbath）或铁娘子乐队（Iron Maiden）的曲子。他的钱包里还总是备着几包芥末，以防需要额外的强烈感官体验。

所有上述建议都是为了在困境时刻充当"电闸"使用的。它们不能解决根本问题，也不是长期解决方案。但**当你面对强烈的欲望或压力，感到难以承受时，这些方法可以帮助你暂时渡过难关。**

结果导向思维法

当你感受到由多巴胺驱使的冲动，想要去实施你正在努力暂停的行为时，思考潜在的负面结果可以成为一种有效的威慑手段。它能帮助我们根据过去的经验，预见到按捺不住冲动后的潜在后果。

这个策略在我们做了充分准备的情况下效果最好。我总是建议人们提前写下可能的后果清单，因为在面对冲动时，清晰思考可能会变得困难。将这份清单放在随手可得的地方，在外出时尤为有用。列出一些潜在的后果后，考虑以下问题以帮助你识别任何额外的长期和短期后果。

- 你在多巴胺驱使的行为中，经历过的最糟糕的结果是什么？
- 这种行为通常会带来什么负面结果？
- 其他潜在的负面结果是什么？
- 短期负面影响有哪些？
- 长期影响有哪些？
- 这种行为是否影响了你的健康？
- 它是否影响了你的心理健康、幸福感或情绪？
- 它是否导致人际关系紧张？
- 它是否导致你错过了任何机会或体验？
- 它是否影响了你的工作或专注能力？

- 它是否影响了你的自尊或自我价值感?
- 如果你屈服于这种冲动,你会如何看待自己?

我们最终列出的后果不仅仅是实际的,还包括情感的。

我和奥利弗一起做了这个练习,他在外出约会或开车经过以前会去的场所时使用了这个清单。他的清单包括:

- 对于回到我想要避免的旧习惯和旧行为而感到内疚和羞耻。
- 加剧我对性行为的痴迷,越追逐它,就越频繁地想到它。
- 最终我感到更加孤独和被孤立,并且讨厌事后独自回家的感觉。
- 我会晚上熬夜,导致第二天工作时疲惫不堪、效率低下。
- 我会反复思考前一晚的事情,从而无法集中精力工作。
- 在朋友中名声不佳,我需要为此努力改变。
- 如果屈服于冲动,我对自己的感觉会更糟。
- 我的经济成本也在累积。

你可以在这里结束练习,也可以考虑另一面——抵抗冲动并继续暂停该行为，会带来什么积极结果？同样地，考虑以下问题，以帮助你列出一个清单。

- 到目前为止，暂停这种多巴胺驱动的行为为你带来了哪些积极结果？
- 抵抗这种行为时，你对自己的感受如何？
- 对你的健康产生了哪些积极影响？
- 在你的专注度、生产力、能量水平或人际关系方面有改善吗？
- 由于暂停，你能够拥抱或享受哪些新的体验？
- 通过抵抗冲动，你是否能更有意义地与自己的价值观保持一致？
- 你的总体生活质量受到了怎样的影响？

对奥利弗来说，暂停这种行为带来了许多积极结果。他感到对自己和自己的选择有了更多的控制感，感觉自己更符合追求有意义的长期关系的目标。他还提到，暂停这种行为让他感到有更高的自尊心，有更好的睡眠质量，并为生活中的其他事物腾出了更多精神空间，包括获取健康的社交关系。

仔细思考回到这种行为的负面影响以及暂停它的正面影响，有助于我们更有效地"驾驭"冲动的浪潮。有了这些有用且现实的提醒，我们就能找到那份额外的内在力量,让冲动自然而然地发展,强度逐渐增强,达到顶峰后再逐渐减弱,并最终消退。

希望这一章为你提供了一些额外的工具,帮助你度过那些具有挑战性的时刻。从长期反复的习惯中抽离并不容易!仅仅"停止"某件事是非常难的。忍受不适并保持正念至关重要。这有助于我们提高整体耐受不适的能力,而不是去逃避它。然而,我认为工具箱里应该有多样化的工具,当你需要额外帮助时,分散注意力、感官体验和结果导向思维都可能非常有用。

共同思考

- 思考你在情绪敏感度连续谱系上处于什么位置。你是那种能够经常且深刻地感受事物的人,还是需要经历一些重大事情才会有情绪反应的人?
- 你成功使用过哪些分散注意力的方法?
- 思考你自我安抚的感官偏好。你觉得哪些感官体验最能让你感到平静和有益?
- 思考你最近经历的一次冲动或渴望。应用本章讨论的技巧会如何帮助你更有效地管理这种冲动?

The Dopamine Brain

第 19 章

构建新的自我

当你暂停目标行为时，可能会发现自己的一部分精力自然地花在抵抗冲动上——比如想要把这本书扔进垃圾桶、重新下载 TikTok、开车去麦当劳或买一箱啤酒。这时候，我们必须运用前面章节中提到的策略：与不适共处、驾驭冲动之浪、分散注意力、自我安抚和考虑后果等。这些都需要意志力，但光有意志力是不够的。**当某种东西从我们生活中被移除时，用其他东西替代它非常重要。** 否则，改变很可能难以持续，人们会迅速回到旧习惯之中。

有时候，那些由多巴胺驱动的行为就像我们的"救生衣"，帮助我们度过艰难时刻。然而，当它们带来的伤害超过益处时，就会成为问题。如果我们就这么直接拿走一个人的救生衣，然后把他丢进深水区，结果也不会好到哪里去。

为了过上有意义且充实的生活，我们需要用价值观指导的行动和目标来替代那些由多巴胺驱动的行为。 正如苏格拉底所说，这时我们要专注于"破旧立新"。当我们与自己的价值观和目标紧密相连时，就更有动力去面对障碍，从而笑看人生起伏。因此，我们在第 13 章中为自己设定的与价值观相符的行为上投入得越多，就越不容易受到多巴胺刺激的诱惑而回到原点。

我们将以"主动"和"被动"两种方式利用这些目标。为了有效地做到这一点，我们需要两种不同类型的目标。首先，我们需要那些提前计划好的结构化目标。例如，周日晚上与父母和兄弟姐妹一起吃烤肉晚餐，这符合"家庭"这一价值观。然而，当我在辛苦工作一天后回家，正要大吃一桶冰激凌发泄情绪时，周日晚餐就帮不上忙了。这时，我就需要一个"替补方案"（place filler）。这些行动依然要符合价值观，但更加灵活。例如，与其被吸引着直接走向冰激凌，我会选择另一种与"家庭"价值观更为相符的行为，比如给妈妈打个电话聊聊天。

如果你的价值观是创造力或学习新技能，一个更大的目标可能是每周四晚上参加吉他课，而更容易、更快捷实现的"替补方案"可能是在家练习吉他、观看网上的吉他技巧视频，或者创建一个播放列表，添加你想学的新歌。

如果你的价值观是健康和健身，每周参加两次训练营是一个你可以为自己设定的较大的实际目标，而"替补方案"可能是在客厅里做 20 个深蹲。

有人可能会说，这些替补方案本质上是一种分散注意力的方式。确实如此。按照我在第 18 章中提出的建议，列出你能想到的首字母从 A 到 Z 的所有的男孩名字，和给妈妈打电话或弹吉他有什么区别呢？替补方案让我们一举两得。是的，它们可以分散我们对不适经历的注意力，但同时也能引导我们更加接近有意义的目标和最终的满足感。它们提醒我们，当情绪和冲动让我们觉得难以承受时，我们可以采取有意义的行动，帮助我们在价值观、自我认同和自我觉知中找到根基。我们不必通过其他方式逃避痛苦。

根据你在第 13 章中确定的价值观，列出你的"替补方案"清单，并将这份清单放在随手可得的地方，比如手机或钱包里。当你感受到自己正被想要暂停的行为所吸引时，就拿出你的清单。有时候，我们可能需要不止一个替补方案来帮助我们应对冲动。我们可能需要给姐姐打电话（价值观＝联系）、在多邻国（Duolingo）上完成另一级别的西班牙语学习挑战（价值观＝成就），然后播放音乐，在家里跳舞（价值观＝乐趣和自发性）。

除了实际练习上述行为外，每天结束时还要花些时间反思和巩固你的进步。问问自己以下几个问题：

- 今天我为自己感到自豪的事情是什么？无论大小，所有努力都算数。
- 我今天做了哪些符合我价值观的事？哪些选择符合哪些价值观？
- 明天我可以有意识地做什么，以继续符合我的价值观？
- 今天有什么妨碍了我按照价值观生活？如果有的话，下次我该如何克服？

每天反思这些问题有助于让你的目标时刻被铭记于心，并允许你在偏离时重新开始和重新聚焦。希望大多数时候，你能在反思中对自己所取得的成就感到满意。

当然，这种情况并不会每天都发生。毫无疑问，也会有一些日子，你会感到忙碌、疲惫、焦虑、孤独、健忘或懒惰，这些是所有人类共有的经历。改变和进步不是线性的，所以途中难免会遇到一些小波折。**当你有一天偏离了自己的价值观时，请温柔地对待自己，而不是严厉苛责。**

自我关怀（self-compassion）是我们学会如何对待自己的基础部分。然而，这是许多人难以做到的一点。它涉及用善意、理解和接纳来对待自己，尤其是在艰难和失败的时候。自我关怀是一种不带严厉评判地与自己相处的方式，对待我们自己就像对待正在挣扎的他人一样充满关怀。

得克萨斯大学的克里斯汀·内夫（Kristin Neff）教授是自我关怀领域的先驱者之一。[1]她解释说，自我关怀包含三个关键组成部分：

（1）**自我仁慈（self-kindness）**：在痛苦或失败时善待并理解自己，而不是过于苛刻和批评。

（2）**共同人性（common humanity）**：认识到我们的经历是更大范围的人类喜怒哀乐的一部分，而不是孤立的。

（3）**正念（mindfulness）**：平衡地持有痛苦的想法和感受，而不是过度认同或纠缠于它们。

当我们过于自我批评时，我们可能会失去对价值观和目标的关注。事实上，强烈的自我批评是导致我们重蹈覆辙、屈服于多巴胺驱动冲动的一个风险因素。受到批评从来都不是一种好的感觉。它会产生一种我们本能想要逃避的内部体验，而有什么是比沉溺于多巴胺驱动的行为以获得暂时解脱更好的方式呢？但这并不意味着我们不应该反思改进的方法或过去的错误。以苛责而不是理解和鼓励的方式来进行这种反思，对我们的心理健康和整体目标是有害的。

正如我们在第二部分探讨了我们的价值观来自何处一样,考虑我们对自己的关怀或苛责来自何处也很重要。自我关怀和自我批评位于一个连续谱系上的两端。我们对待自己的方式往往从小就被内化,父母、家庭、老师、同伴、文化和社会都影响着我们。我们可能在一个不仅对自己苛刻,而且对所有人都苛刻的家庭中长大。你可能听到母亲经常因为体重增加而批评自己,或者期望极高的老师在你未达到这些期望时对你施加严厉的惩罚;也许你成长的文化强调自我批评;或者你从社会中内化了诸如"没有痛苦就没有收获""生前何必久睡,死后自会长眠""勇敢的孩子从来不哭"或"忙碌铸就成功,闲暇孕育平庸"的信息。

研究表明,**自我关怀对我们是有益的**。它让我们能够与人类的共同情感产生联系,使我们在困境中感到不那么孤立和伶仃。[2] 它与成人和青少年的积极心理健康和减少心理障碍有关。[3] 研究还显示,当面对包括离婚、[4] 生活变迁、养育患有疾病或残疾的孩子、[5] 慢性健康问题[6] 和欺凌[7]等各种生活压力时,自我关怀有助于增强韧性和力量。

让我们再次关注苏格拉底的永恒智慧:"改变的秘密在于将你的全部精力集中在构建新事物上,而非与旧事物做斗争。"我希望到目前为止,你已经建立了一个坚实的框架,知道如何"破旧立新",包括暂时远离选定的行为,使用正念技能驾驭不适之浪，在冲动难以承受时利用分散注意力、感官体验和结果导向思维，并选择有意义的追求来替代多巴胺驱动的习惯。继续使用这些正念技能，留意选择这些追求而非其他短期愉悦活动的感受。每一次有意义的分散注意力、符合价值观的行动以及自我关怀的行为，都会让我们更接近于实现自己理想中的生活。

那么接下来呢？你下一步打算做些什么？请你继续阅读，了解如何决定是否以及如何将目标行为重新融入你的生活中。

共同思考

- 你能想到一次成功形成新习惯或长期改变的经历吗？你使用了哪些策略让这个改变可持续发展？
- 你现在是如何将自我反思纳入日常生活的？是否有特定的问题或提示帮助你专注于价值观和目标？
- 你倾向于用善意和理解对待自己，还是常常自我批评？
- 你可以如何培养更强的自我关怀意识？

The
Dopamine
Brain

第 20 章

摆脱束缚，找到平衡

你已经读到了最后一章——恭喜你！无论你是已经经历了整个过程并实施了相关策略，还是只是读了这本书并考虑是否想要做出一些改变，都值得称赞。仅仅是坚持读到最后，你就已经在你的生活、知识和选择上做出了深刻的改变。

从这里开始，选择权完全掌握在你手中。一旦你从所选的物质或行为中抽身出来，现在就可以考虑，接下来想做些什么了。你是想继续戒断吗？是想慢慢重新引入那种物质或行为吗？还是想回到以前的行为模式呢？这一切都由你决定。不过，希望你能有意识地做出选择，并对这种特定物质或行为如何影响你的生活有一些新的见解。

思考一下，通过暂时戒断多巴胺驱动的行为，你获得了哪些新的视角。你对自己的生活方式和所做的选择有了怎样的认识？你的日常决策中，有多少是在无意识中做出的，而又有哪些变得更加有意识了？思考一下，能够将更有意义、基于价值观的行动融入每周活动的感觉是怎样的。

虽然这是老生常谈，但生活确实充满挑战！无论是应对职业和个人挑战，还是处理社会压力，生活有时就像一场永无止境的艰难爬坡。渴望片刻的喘息和暂时逃离现实的束缚是人之常情。寻求这样的时刻不仅是一种愿望，更是一种普遍的人类共有体验。我们都需要时间来充电、重启和恢复活力，这使我们能够获得新的视角，坦然面对生活中的起起落落。这就像时不时地按下暂停键，让自己冷却休息一下。

挑战在于找到平衡。**做出任何改变都可能是艰难的，它需要耐心、宽容、承受不确定性的能力以及自我宽恕。**但只逃避现实是行不通的，也根本不可能做到。最终，我们试图逃避的一切都会再次浮现，甚至往往更加剧烈。我们越能面对生活中的挑战，就越擅长应对它们，并接纳随之而来的不适。我们学会接受幸福是一个短暂的目标，我们不会一直快乐。但我们也可以学习驾驭生活的波涛，而不过分执着于高低起伏。

你可能也会想知道，我的来访者们后来怎么样了。

奥利弗（见第 18 章）曾沉迷于强迫性的性行为，他找我做了几年的咨询。对他来说，这是一个漫长的过程，有段时间他会取消咨询、消失，然后几个月后重新出现。多巴胺驱动的冲动有时会再次变强，他会暂时停止治疗。但他总是会再次回来。尽管在过程中遇到了一些挫折，但他还是学会了抵抗返回随意性行为和找寻陪伴者的冲动所需的技能。奥利弗遇到了一位很棒的女士，他们建立了稳定的关系。我见过她两次，奥利弗邀请她进入治疗室，以便她更好地理解他所经历的挣扎。我现在还偶尔会为奥利弗进行咨询，目的是维持现状并预防复发。总的来说，他现在的生活大致健康，关系美满，内心也感到十分满足。

本（见第 8 章和第 11 章）没有像奥利弗那样遭受严重的成瘾困扰。他对自己的生活做了一些调整，计划和朋友一起旅行，加入了大学篮球队，还组建了一支新乐队。他决定继续从事会计工作，并在休息一段时间后重新开始长跑，但这次他的生活中有了更多的平衡。当我们结束合作时，他已经预订了一次去美国看望最好朋友的旅行。我想，此时他应该已经出发了。我以开放的态度结束了与本的咨询关系，如果他将来需要额外的支持，随时欢迎他再回来。我没有再听到他的消息，但在我这一行，没有消息通常意味着好消息！

贝琳达（见第 10 章）曾是一位精疲力竭的投资银行

家，现在她转行从事了一份更健康的工作，重新调整了自己的价值观，并有了一个孩子。

加里（见第 6 章）现在能够在享乐和目标的冲突中找到平衡了。他继续过着锦衣玉食的生活，但他学会了用文化、联结和回馈社区等有意义的追求来调节自己的生活。

桑德拉（见第 6 章）找到了生活的平衡，不再无休止地掏空自己来服务他人。她找到了有趣且富有创意的方式，通过艺术和喜剧来体验即时的快乐。

乔（见第 15 章）曾沉迷于色情内容，但他现在能够遵循本书中的建议，改变自己对色情内容的态度，同时把更多有意义的时间投入家庭和爱好中。

还有莫莉（见第 17 章），这位曾遭受过童年创伤的女性，她现在能够利用正念和其他认知及情感工具来帮助自己应对和处理创伤。她摆脱了那些让她陷入重复反馈创伤的记忆循环，从此能够拥抱当下的生活。

希望你在阅读《掌控多巴胺》的过程中，不仅对这个重要的神经递质有了基本的理解，更找到了一片专属自己的宁静空间来反思自己的价值观。你已获得了抵抗多巴胺诱惑、过上更加充实生活的宝贵技能。虽然听起来或许有些老生常谈，但积极的改变确实是一段伴随我们一生的旅程。在这条路上偶尔跌倒几次是完全可以接受的。请务必记住庆祝那些"小小胜利"和点滴进步，并以同情与接纳的态度面对不可避免的挫折。让那些贴近内心的价值观指引你走向一条充满意义和满足感的生活之路。当然，这段旅程并非一蹴而就，你需要不时地重新审视自己基于价值观设定的目标，并根据生活的变化进行调整，这是一个动态的过程。**我们的目标是要有意识地决定，何时以及如何应对那些由多巴胺驱动的冲动，有意识地去选择适度的行为和物质，而不是让它们主宰我们的生活。**

当我们即将结束这段共同走过的学习之旅时，我诚挚地希望你能铭记一个最后的启示：大脑是一个不可思议的器官，它具有无限的可塑性。利用你在本书中获得的知识，让它为你所用，让每一刻都成为你成长的机会。

共同思考

- 思考一下，通过阅读本书，你获得了哪些见解。这些见解如何影响你对自己的认识和你的选择？
- 将更多有意义、符合价值观的行动融入你的日常生活，感觉如何？
- 你将如何继续保持在增加符合价值观的行动和减少多巴胺驱动行为方面所取得的进步？
- 什么因素可能会阻碍你保持进步？你将如何克服这些障碍？

The
Dopamine
Brain

致谢

在此，我想向我的个人生活和职业生涯中所有支持我的人表示衷心的感谢，感谢他们不仅在本书的整个写作过程中给予我支持，而且在我迄今为止的人生旅程中也一直支持着我。

我要特别感谢我的妈妈和爸爸，是你们给予我无条件的爱与坚定的支持，无论我经历了怎样的冒险，或是提出了多么天马行空的想法，你们始终如一地陪伴着我。没有你们的支持，我不可能完成这本书，甚至许多其他的事情也无法实现。

如果没有阿什温·库拉纳（Ashwin Khurana），本书将不复存在。2023年年中，阿什温给我发来了一封电子邮件，询问我是否有兴趣与企鹅兰登书屋澳大利亚分公司合作写一本书。收到这位大出版社编辑的意外来信时，我感到既惊讶又有些怀疑。在快速确认阿什温确实是个真实存在的人之后，我的怀疑变成了欣喜。我只能说，收到那封邮件并获得这个宝贵的机会，让我感到无比感激。

我要向罗德·莫里森（Rod Morrison）表示衷心的感谢，你的专业编辑指导对本书的成形至关重要。感谢你的奉献与帮助，使本书得以面世。

我还要感谢企鹅兰登书屋澳大利亚分公司的其他团队成员——莉莉·克罗齐尔（Lily Crozier）、麦迪逊·杜（Madison Du）和伊兹·耶茨（Izzy Yates），你们的热情与鼓励让本书得以成为现实。

在我的职业生涯中，我有幸遇到了一些非常出色的老师和领导，他们总是鼓励我追求自己的热情和目标。特别要提到的是悉尼科技大学的伊恩·尼博恩（Ian Kneebone）教授（他不仅是我的博士生导师，还一直是我职业道路上的引路人），以及阿德莱德大学的瑞秋·罗伯茨（Rachel Roberts）教授、悉尼科技大学的托比·牛顿－约翰（Toby Newton-John）教授、悉尼大学的弗兰斯·弗斯特拉滕教授和邦德大学的艾哈迈德·穆斯塔法教授。

感谢澳大利亚人类健康研究所（Australian Institute for Human Wellness）的朋友和同事，感谢你们一路上的鼓励，以及共同庆祝本书写作中的每一个里程碑。

特别感激我在圣约翰上帝医院（St John of God Hospital，位于悉尼的一家精神病医院）工作的时光，在那里我负责门诊成瘾项目。这份工作结合我的研究经历，使我意识到我对帮助那些挣扎于成瘾问题的人的热情，同时也致力于提高社区对成瘾物质和行为风险的认识。

最后，感谢所有花时间深入阅读本书的读者。你们对这一主题的好奇和参与，使整个写作过程变得无比充实和有意义。

注释

《掌控多巴胺》建立在科学研究的基础上。在本书中，我引用了大量的研究。如果您希望进一步研究这些内容，下面列出了参考资料。

引言

1. Ebbinghaus, Hermann, *Psychology: An elementary text-book*, Arno Press, New York, 1973.
2. Frey, Emil F., 'The earliest medical texts' in *Clio Medica. Acta Academiae Internationalis Historiae Medicinae*, Vol. 20, Brill, Leiden, pp. 79–90.

第 1 章

1. Dum, Rachel et al., 'Dopamine receptor expression and the pathogenesis of attention-deficit hyperactivity disorder: a scoping review of the literature', *Current Developmental Disorders Reports*, 9(4), 2022, pp. 127–136.
2. Delva, Nella C. and Stanwood, Gregg D., 'Dysregulation of brain dopamine systems in major depressive disorder', *Experimental Biology and Medicine*, 246(9), 2021, pp. 1084–1093.
3. Olivares-Hernández et al., 'Dopamine receptors and the kidney: an overview of health-and pharmacological-targeted implications', *Biomolecules*, 11(2), 2021, p. 254.

4　Previc, Fred H., *The Dopaminergic Mind in Human Evolution and History*, Cambridge University Press, New York, 2011, Chapter 1.

5　Baldo, Brian A. and Kelley, Ann E., 'Discrete neurochemical coding of distinguishable motivational processes: insights from nucleus accumbens control of feeding', *Psychopharmacology*, 191, 2007, pp. 439–459.

6　Hull, Elaine M.; Muschamp, John W. and Sato, Satoru, 'Dopamine and serotonin: influences on male sexual behavior', *Physiology & Behavior*, 83(2), 2004, pp. 291–307.

7　Latif, Saad et al., 'Dopamine in Parkinson's disease', *Clinica Chimica Acta*, 522, 2021, pp. 114–116.

8　Salamone, J. D. et al., 'Beyond the reward hypothesis: alternative functions of nucleus accumbens dopamine', *Current Opinion in Pharmacology*, 5(1), 2005, pp. 34–41.

第 2 章

1　Gabis, Lidia V. et al., 'The myth of vaccination and autism spectrum', *European Journal of Paediatric Neurology*, 36, 2022, pp. 151–158.

2　Abdelnour, Elie; Jansen, Madison O. and Gold, Jessica A., 'ADHD diagnostic trends: Increased recognition or overdiagnosis?', *Missouri Medicine*, 119(5), 2022, p. 467.

3　Dougherty, Darin D. et al., 'Dopamine transporter density in patients with attention deficit hyperactivity disorder', *The Lancet*, 354(9196), 1999, pp. 2132–2133.

4　Spencer, T. et al., 'A large, double-blind, randomized clinical trial of methylphenidate in the treatment of adults with attention-deficit/hyperactivity disorder', *Biological Psychiatry*, 57(5), 2005, pp. 456–463.

5　Bowman, Elizabeth et al., 'Not so smart? "Smart" drugs increase the level but decrease the quality of cognitive effort', *Science Advances*, 9(24), 2023, eadd4165.

6　Jones, Alexis et al., 'Identifying effective intervention strategies to reduce children's screen time: a systematic review and meta-analysis', *International Journal of Behavioral Nutrition and Physical Activity*, 18, 2021, pp. 1–20.

7　Houghton Stephen et al., 'Virtually impossible limiting Australian children and adolescents daily screen based media use', *BMC Public Health*, 15(5), 2015, pp. 1–11.

8　AAP Council on Communications and Media, 'Media and Young Minds', *Pediatrics*, 138(5), 2016, pp. 1–8.

9　Zeman, Janice et al., 'Emotion regulation in children and adolescents', *Journal of Developmental & Behavioral Pediatrics*, 27(2), 2006, pp. 155–168.

第 3 章

1　Griffiths, Mark, 'A "components" model of addiction within a biopsychosocial framework', *Journal of Substance Use*, 10(4), 2005, pp. 191–197.

2　Paakkari, Leena et al., 'Problematic social media use and health among adolescents', *International Journal of Environmental Research and Public Health*, 18(4), 2021, p. 1885.

3　Oviedo-Trespalacios, Oscar et al., 'Problematic use of mobile phones in Australia . . . is it getting worse?', *Frontiers in Psychiatry*, 10, 2019, 440510.

4　Starcevic, Vladan et al., 'Problematic online behaviors and psychopathology in Australia', *Psychiatry Research*, 327, 2023, 115405.

第 4 章

1　Anderson, Benjamin O. et al., 'Health and cancer risks associated with low levels of alcohol consumption,' *The Lancet Public Health*, 8(1), 2023, pp. e6–e7.

2　https://www.nhmrc.gov.au/health-advice/alcohol

3　Piano, Mariann R., 'Alcohol's Effects on the Cardiovascular System', *Alcohol Research*, 38(2), 2017, pp. 219–241.

4　Valenzuela, Fernando C., 'Alcohol and Neurotransmitter Interactions', *Alcohol Health and Research World*, 21(2), 1997, pp. 144–148.

5　Di Chiara, Gaetano, 'Alcohol and dopamine', *Alcohol Health and Research World*, 1997, 21(2), pp. 108–114. PMID: 15704345; PMCID: PMC6826820.

6　Turner, Nigel E.; Zangeneh, Masood and Littman-Sharp, Nina, 'The experience of gambling and its role in problem gambling', *International Gambling Studies*, 6(2), 2006, pp. 237–266.

7　Calabrò Rocco S. et al., 'Neuroanatomy and function of human sexual behavior: A neglected or unknown issue?', *Brain Behavior*, 2019, 9(12), e01389.

8   Potenza, Marc N., 'Non-substance addictive behaviors in the context of DSM-5', *Addictive Behaviors*, 2014, 39(1) pp. 1–2.
9   Dwulit, Aleksandra D. and Rzymski, Piotr, 'Prevalence, patterns and self-perceived effects of pornography consumption in polish university students: A cross-sectional study', *International Journal of Environmental Research and Public Health*, 16(10), 2019, p. 1861.
10 Ybarra, Michele L. et al., 'X-rated material and perpetration of sexually aggressive behavior among children and adolescents: Is there a link?', *Aggressive Behavior*, 37(1), 2011, pp. 1–18.
11 Hartston, Heidi, 'The case for compulsive shopping as an addiction', *Journal of Psychoactive Drugs*, 44(1), 2012, pp. 64–67.
12 Balakrishnan, Janarthanan and Griffiths, Mark D., 'Perceived addictiveness of smartphone games: A content analysis of game reviews by players', *International Journal of Mental Health and Addiction*, 17(4), 2019, pp. 922–934.
13 Tekinbaş, Katie S. and Zimmerman, Eric, *Rules of play: Game design fundamentals*, MIT Press, Cambridge MA, 2003.
14 Weinstein, Aviv and Lejoyeux, Michel, 'Internet addiction or excessive internet use', *The American Journal of Drug and Alcohol Abuse*, 36(5), 2010, pp. 277–283.
15 Weinstein, Aviv and Lejoyeux, Michel, 'Neurobiological mechanisms underlying internet gaming disorder', *Dialogues in Clinical Neuroscience*, 22(2), 2020, pp. 113–126.
16 Tian, Ming-Yuan et al., 'Brain structural alterations in internet gaming disorder: Focus on the mesocorticolimbic dopaminergic system', *Progress in Neuro-Psychopharmacology and Biological Psychiatry*, 2023, 110806.
17 Fino, E., et al., 'Factor structure, reliability and criterion-related validity of the English version of the Problematic Series Watching Scale', *BJPsych Open*, 8(5), 2022, e160.
18 Balakrishnan, Janarthanan and Griffiths, Mark D., 'An exploratory study of "selfitis" and the development of the Selfitis Behavior Scale', *International Journal of Mental Health and Addiction*, 16(3), 2018, pp. 722–736.
19 Atroszko, Paweł A. et al., 'Study addiction – A new area of psychological study: Conceptualization, assessment, and preliminary empirical findings', *Journal of Behavioral Addictions*, 4(2), 2015, pp. 75–84.

第 5 章

1. Ali, Ansam et al., 'Endorphin: function and mechanism of action', *Science Archives*, 2, 2021, pp. 9–13.
2. Brands, Bruna; Marshman, Joan A. and Sproule, Beth, *Drugs & Drug Abuse: A Reference Text*, Addiction Research Foundation, University of Minnesota, 1998.
3. Johnson, Zachary V. et al., 'Oxytocin receptors modulate a social salience neural network in male prairie voles', *Hormones and Behavior*, 87, 2017, pp. 16–24.
4. Russell, John A.; Leng, Gareth and Douglas, Alison J., 'The magnocellular oxytocin system, the fount of maternity: adaptations in pregnancy', *Frontiers in Neuroendocrinology*, 24(1), 2003, pp. 27–61.
5. Kosfeld, Michael et al., 'Oxytocin increases trust in humans', *Nature*, 435(7042), 2005, pp. 673–676.
6. Domes, Gregor et al., 'Oxytocin improves "mind-reading" in humans', *Biological Psychiatry*, 61(6), 2007, pp. 731–733.
7. Zak, Paul J.; Stanton, Angela A. and Ahmadi, Sheila, 'Oxytocin increases generosity in humans', *PLOS ONE*, 2(11), 2007, e1128.
8. Botha, Ferdi, 'Social connection and social support', in Wilkins et al., *The Household, Income and Labour Dynamics in Australia Survey: Selected Findings from Waves 1 to 20*, The Melbourne Institute, Melbourne, 2022.
9. Holt-Lunstad, Julianne, 'Loneliness and social isolation as risk factors for mortality: a meta-analytic review', *Perspectives on Psychological Science*, 10(2), 2015, pp. 227–237.
10. Meltzer, Howard et al., 'Feelings of loneliness among adults with mental disorder', *Social Psychiatry and Psychiatric Epidemiology*, 48, 2013, pp. 5–13.
11. Tsai, Tsung-Yu et al., 'The interaction of oxytocin and social support, loneliness, and cortisol level in major depression', *Clinical Psychopharmacology Neuroscience*, 17(4), 2019, pp. 487–494.
12. Gershon, Michael D. and Tack, Jan, 'The serotonin signaling system: from basic understanding to drug development for functional GI disorders', *Gastroenterology*, 132(1), 2007, pp. 397–414.
13. Coppen, Alec, 'The biochemistry of affective disorders', *The British Journal of Psychiatry*, 113(504), 1967, pp. 1237–1264.

14 Pilkington, Pamela D.; Reavley, Nicola J. and Jorm, Anthony F., 'The Australian public's beliefs about the causes of depression: Associated factors and changes over 16 years', *Journal of Affective Disorders*, 150(2), 2013, pp. 356–362.

15 Read, John et al., 'A survey of UK general practitioners about depression, antidepressants and withdrawal: Implementing the 2019 Public Health England report', *Therapeutic Advances in Psychopharmacology*, 10, 2020, 2045125320950124.

16 Moncrieff, Joanna et al., 'The serotonin theory of depression: A systematic umbrella review of the evidence', *Molecular Psychiatry*, 28(8), 2023, pp. 3243–3256.

17 Ferreri, L. et al., 'Dopamine modulates the reward experiences elicited by music', *Proceedings of the National Academy of Sciences*, 116(9), 2019, pp. 3793–3798.

18 Ferreri, Laura et al., 'Dopamine modulates the reward experiences elicited by music', *Proceedings of the National Academy of Sciences*, 116(9), 2019, pp. 3793–3798.

19 Dunbar, R. I. M. et al., 'Performance of music elevates pain threshold and positive affect: Implications for the evolutionary function of music', *Evolutionary Psychology*, 10(4), 2012, 147470491201000403.

20 Fritz, Thomas H. et al., 'Musical agency reduces perceived exertion during strenuous physical performance', *Proceedings of the National Academy of Sciences*, 110(44), 2013, pp. 17784–17789.

第 8 章

1 Witteman, Holly O. et al., 'Clarifying values: an updated and expanded systematic review and meta-analysis', *Medical Decision Making*, 41(7), 2021, pp. 801–820.

2 Medeiros, Christina et al., 'Decision aids available for parents making end-of-life or palliative care decisions for children: A scoping review', *Journal of Paediatrics and Child Health*, 56(5), 2020, pp. 692–703.

3 Peinado, Susana et al., 'Values clarification and parental decision making about newborn genomic sequencing', *Health Psychology*, 39(4), 2020, p. 335.

4 Delaney, Rebecca K. et al., 'Study protocol for a randomised clinical trial of a decision aid and values clarification method for parents of

a fetus or neonate diagnosed with a life-threatening congenital heart defect', *BMJ Open*, 11(12), 2021, e055455.
5. Knafo, Ariel and Schwartz, Shalom H. 'Identity formation and parent-child value congruence in adolescence', *British Journal of Developmental Psychology*, 22(3), 2004, pp. 439–458.
6. Schuster, Carolin; Pinkowski, Lisa and Fischer, Daniel, 'Intra-Individual Value Change in Adulthood', *Zeitschrift für Psychologie*, 227(1), 2019, pp. 42–52.
7. Oppenheim-Weller, Shani; Roccas, Sonia and Kurman, Jenny, 'Subjective value fulfillment: A new way to study personal values and their consequences', *Journal of Research in Personality*, 76, 2018, pp. 38–49.
8. Cohen, Geoffrey L. and Sherman, David K., 'The psychology of change: Self-affirmation and social psychological intervention', *Annual Review of Psychology*, 65, 2014, pp. 333–371.

第 10 章

1. Hitlin, Steven, 'Values as the core of personal identity: Drawing links between two theories of self', *Social Psychology Quarterly*, 2003, pp. 118–137.
2. Erikson, Erik H., *Identity, Youth and Crisis*, W. W. Norton & Company, New York, 1968.

第 11 章

1. Ardelt, Monika and Grunwald, Sabine, 'The importance of self-reflection and awareness for human development in hard times', *Research in Human Development*, 15(3–4), 2018, pp. 187–199.

第 12 章

1. Harris, Russ, *ACT Made Simple: An easy-to-read primer on acceptance and commitment therapy*, New Harbinger Publications, Oakland, 2019.

第 14 章

1. Hebb, Donald O., *The Organisation of Behaviour*, John Wiley & Sons, New York, 1949.
2. O'Brien, Charles P., 'Neuroplasticity in addictive disorders', *Dialogues in Clinical Neuroscience*, 11(3), 2009, pp. 350–353.
3. O'Brien, Charles P., 'Neuroplasticity in addictive disorders', *Dialogues in

Clinical Neuroscience, 11(3), 2009, pp. 350–353.
4 Maguire, Eleanor A.; Woollett, Katherine and Spiers, Hugo J., 'London taxi drivers and bus drivers: a structural MRI and neuropsychological analysis', *Hippocampus*, 16(12), 2006, pp. 1091–1101.
5 Pekna, Marcela and Pekny, Milos, 'The neurobiology of brain injury', *Cerebrum: the Dana Forum on Brain Science*, Vol. 2012, 2012, Dana Foundation.
6 Doidge, Norman, *The Brain That Changes Itself: Stories of personal triumph from the frontiers of brain science*, Scribe Publications, Melbourne, 2010.
7 Kliemann, Dorit et al., 'Intrinsic functional connectivity of the brain in adults with a single cerebral hemisphere', *Cell Reports*, 29(8), 2019, pp. 2398–2407.

第 15 章

1 Lally, Phillippa et al., 'How are habits formed: Modelling habit formation in the real world', *European Journal of Social Psychology*, 40(6), 2010, pp. 998–1009.
2 Lembke, Anna, *Dopamine Nation: Finding balance in the age of indulgence*, Headline, London, 2021.
3 Childress, Anna Rose et al., 'Limbic activation during cue-induced cocaine craving', *American Journal of Psychiatry*, 156(1), 1999, pp. 11–18.
4 Childress, Anna Rose et al., 'Prelude to passion: Limbic activation by "unseen" drug and sexual cues', *PLOS ONE*, 3(1), 2008, e1506.
5 Volkow, Nora D. et al., 'Cocaine cues and dopamine in dorsal striatum: mechanism of craving in cocaine addiction', *Journal of Neuroscience*, 26(24), 2006, pp. 6583–6588.
6 Muckle, Wendy et al., 'Managed alcohol as a harm reduction intervention for alcohol addiction in populations at high risk for substance abuse', *Cochrane Library*, 12 December 2012.
7 O'Brien, Charles P., 'Neuroplasticity in addictive disorders', *Dialogues in Clinical Neuroscience*, 11(3), 2009, pp. 350–353.
8 Gawin, Frank H. and Kleber, Herbert D., 'Abstinence symptomatology and psychiatric diagnosis in cocaine abusers: clinical observations', *Archives of General Psychiatry*, 43(2), 1986, pp. 107–113.
9 Neisewander, Janet L. et al., 'Fos protein expression and cocaine-seeking behavior in rats after exposure to a cocaine self-administration

environment', *Journal of Neuroscience*, 20(2), 2000, pp. 798–805.
10. Grimm, Jeffrey W., 'Incubation of food craving in rats: A review', *Journal of the Experimental Analysis of Behavior*, 113(1), 2020, pp. 37–47.
11. Vafaie, Nilofar and Kober, Hedy, 'Association of Drug Cues and Craving With Drug Use and Relapse: A Systematic Review and Meta-analysis', *JAMA Psychiatry*, 79(7), 2022, pp. 641–650.
12. Kulkarni, Kaustubh R.; O'Brien, Madeline and Gu, Xiaosi, 'Longing to act: Bayesian inference as a framework for craving in behavioral addiction', *Addictive Behaviors*, 2023, 107752.

第 16 章

1. Freud, Sigmund, 'Beyond the pleasure principle', *Psychoanalysis and History*, 17(2), 2015, pp. 151–204.
2. Eisenberger, Naomi I., 'The neural bases of social pain: Evidence for shared representations with physical pain', *Psychosomatic Medicine*, 74(2), 2012, p. 126.
3. Kross, Ethan et al., 'Social rejection shares somatosensory representations with physical pain', *Proceedings of the National Academy of Sciences*, 108(15), 2011, pp. 6270–6275.
4. Kross, Ethan et al., 'Neural dynamics of rejection sensitivity', *Journal of Cognitive Neuroscience*, 19(6), 2007, pp. 945–956.
5. Thompson, Ross; Meyer, Sara and Jochem, Rachel, 'Emotional regulation', *Encyclopedia of Infant and Early Childhood Development*, 2008, pp. 431–441.
6. McLaughlin, Katie A. et al., 'Emotion dysregulation and adolescent psychopathology: A prospective study', *Behaviour Research and Therapy*, 49(9), 2011, pp. 544–554.
7. Aldao, Amelia; Nolen-Hoeksema, Susan and Schweizer, Susanne, 'Emotion-regulation strategies across psychopathology: A meta-analytic review', *Clinical Psychology Review*, 30(2), 2010, pp. 217–237.

第 17 章

1. Kabat-Zinn, Jon, *Wherever You Go, There You Are: Mindfulness meditation in everyday life*, Hachette, New York, 1994.
2. Lieberman, Matthew D. et al., 'Affect labeling disrupts amygdala activity in response to affective stimuli', *Psychological Science*, 18(5), 2007, pp. 421–428.

3 Marikar Bawa, Fathima L. et al., 'Does mindfulness improve outcomes in patients with chronic pain? Systematic review and meta-analysis', *British Journal of General Practice*, 65(635), 2015, e387–e400.

4 Hölzel, Britta K. et al., 'Mindfulness practice leads to increases in regional brain gray matter density', *Psychiatry Research: Neuroimaging*, 191(1), 2011, pp. 36–43.

5 Boccia, Maddalena; Piccardi, Laura and Guariglia, Paola, 'The meditative mind: A comprehensive meta-analysis of MRI studies', *BioMed Research International*, 2015, 419808.

6 Shires, Alice et al., 'The efficacy of mindfulness-based interventions in acute pain: A systematic review and meta-analysis', *Pain*, 161(8), 2020, pp. 1698–1707.

7 Paschali, Myrella et al., 'Mindfulness-based interventions for chronic low back pain: A systematic review and meta-analysis', *The Clinical Journal of Pain*, 40(2), 2023, pp. 105–113.

8 Jung, Carl G., *The Basic Writings of CG Jung: Revised Edition*, Vol. 20, Princeton University Press, Princeton, 1990.

第 18 章

1 Tindle, Jacob and Tadi, Prasanna, *Neuroanatomy, Parasympathetic Nervous System*, StatPearls Publishing, Treasure Island, Florida, 2020.

2 Godek, Devon and Freeman, Andrew M., *Physiology, Diving Reflex*, StatPearls Publishing, Treasure Island, Florida, 2024.

第 19 章

1 Neff, Kristin D., 'Self-compassion: An alternative conceptualization of a healthy attitude toward oneself', *Self and Identity*, 2(2), 2003, pp. 85–101.

2 Bluth, Karen and Neff, Kristin D., 'New frontiers in understanding the benefits of self-compassion', *Self and Identity*, 17(6), 2018, pp. 605–608.

3 Marsh, Imogen C.; Chan, Stella W. Y. and MacBeth, Angus, 'Self-compassion and Psychological Distress in Adolescents – a Meta-Analysis', *Mindfulness*, Vol. 9, 2018, pp. 1011–1027.

4 Sbarra, David A.; Smith, Hillary L. and Mehl, Matthias R., 'When Leaving Your Ex, Love Yourself: Observational Ratings of Self-Compassion Predict the Course of Emotional Recovery Following Marital Separation', *Psychological Science*, Vol. 23, Issue 3, 2012.

5 Wong, Celia C. Y. et al., 'Self-Compassion: a Potential Buffer Against Affiliate Stigma Experienced by Parents of Children with Autism Spectrum Disorders', *Mindfulness*, Vol. 7, 2016, pp. 1385–1395.

6 Brion, John M.; Leary, Mark R. and Drabkin, Anya S., 'Self-compassion and reactions to serious illness: The case of HIV', *Journey of Health Psychology*, Vol. 19, Issue 2, 2013.

7 Múzquiz, Juan; Pérez-García, Ana M. and Bermúdez, José, 'Relationship between Direct and Relational Bullying and Emotional Well-being among Adolescents: The role of Self-compassion', *Current Psychology*, Vol. 42, 2023, pp. 15874–15882.

积极人生

《大脑幸福密码：脑科学新知带给我们平静、自信、满足》
作者：[美]里克·汉森 译者：杨宁 等

里克·汉森博士融合脑神经科学、积极心理学与进化生物学的跨界研究和实证表明：你所关注的东西便是你大脑的塑造者。如果你持续地让思维驻留于一些好的、积极的事件和体验，比如开心的感觉、身体上的愉悦、良好的品质等，那么久而久之，你的大脑就会被塑造成既坚定有力、复原力强，又积极乐观的大脑。

《理解人性》
作者：[奥]阿尔弗雷德·阿德勒 译者：王俊兰

"自我启发之父"阿德勒逝世80周年焕新完整译本，名家导读。阿德勒给焦虑都市人的13堂人性课，不论你处在什么年龄，什么阶段，人性科学都是一门必修课，理解人性能使我们得到更好、更成熟的心理发展。

《盔甲骑士：为自己出征》
作者：[美]罗伯特·费希尔 译者：温旻

从前有一位骑士，身披闪耀的盔甲，随时准备去铲除作恶多端的恶龙，拯救遇难的美丽少女……但久而久之，某天骑士蓦然惊觉生锈的盔甲已成为自我的累赘。从此，骑士开始了解脱盔甲、寻找自我的征程。

《成为更好的自己：许燕人格心理学30讲》
作者：许燕

北京师范大学心理学部许燕教授30年人格研究精华提炼，破译人格密码。心理学通识课，自我成长方法论。认识自我，了解自我，理解他人，塑造健康人格，展示人格力量，获得更佳成就。

《寻找内在的自我：马斯洛谈幸福》
作者：[美]亚伯拉罕·马斯洛 等 译者：张登浩

豆瓣评分8.6，110个豆列推荐；人本主义心理学先驱马斯洛生前唯一未出版作品；重新认识幸福，支持儿童成长，促进亲密感，感受挚爱的存在。

更多>>> 《抗逆力养成指南：如何突破逆境，成为更强大的自己》 作者：[美]阿尔·西伯特
《理解生活》 作者：[奥]阿尔弗雷德·阿德勒
《成长心理学》 作者：訾非

心身健康

《谷物大脑》
作者：[美] 戴维·珀尔玛特 等 译者：温旻

樊登读书解读，《纽约时报》畅销书榜连续在榜55周，《美国出版周报》畅销书榜连续在榜超40周！
好莱坞和运动界明星都在使用无麸质、低碳水、高脂肪的革命性饮食法！
解开小麦、碳水、糖损害大脑和健康的惊人真相，让你重获健康和苗条身材

《菌群大脑：肠道微生物影响大脑和身心健康的惊人真相》
作者：[美] 戴维·珀尔马特 等 译者：张雪 魏宁

超级畅销书《谷物大脑》作者重磅新作！
"所有的疾病都始于肠道。"——希腊名医、现代医学之父希波克拉底
解锁21世纪医学关键新发现——肠道微生物是守护人类健康的超级英雄！
它们维护着我们的大脑及整体健康，重要程度等同于心、肺、大脑

《谷物大脑完整生活计划》
作者：[美] 戴维·珀尔马特 等 译者：闾佳

超级畅销书《谷物大脑》全面实践指南，通往完美健康和理想体重的所有道路，都始于简单的生活方式选择，你的健康命运，全部由你做主

《生酮饮食：低碳水、高脂肪饮食完全指南》
作者：[美] 吉米·摩尔 等 译者：陈晓芮

吃脂肪，让你更瘦、更健康。风靡世界的全新健康饮食方式——生酮饮食。两位生酮饮食先锋，携手22位医学/营养专家，解开减重和健康的秘密

《第二大脑：肠脑互动如何影响我们的情绪、决策和整体健康》
作者：[美] 埃默伦·迈耶 译者：冯任南 李春龙

想要了解自我，从了解你的肠子开始！拥有40年研究经验、脑-肠相互作用研究的世界领导者，深度解读肠脑互动关系，给出兼具科学和智慧洞见的答案

更多>>>
《基因革命：跑步、牛奶、童年经历如何改变我们的基因》 作者：[英] 沙伦·莫勒姆 等 译者：杨涛 吴荆卉
《胆固醇，其实跟你想的不一样！》 作者：[美] 吉米·摩尔 等 译者：周云兰
《森林呼吸：打造舒缓压力和焦虑的家中小森林》 作者：[挪] 约恩·维姆达 译者：吴娟